国家出版基金项目
NATIONAL PUBLICATION FOUNDATION

"十三五"国家重点图书出版规划项目
新型智慧城市研究与实践——BIM/CIM系列丛书

新 型

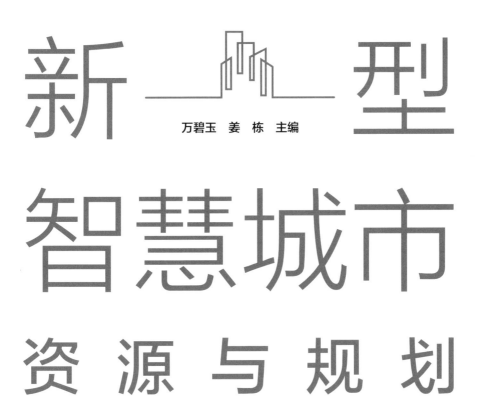

万碧玉 姜 栋 主编

智慧城市

资 源 与 规 划

中国城市出版社

图书在版编目（CIP）数据

新型智慧城市资源与规划／万碧玉，姜栋主编. —
北京：中国城市出版社，2020.12
（新型智慧城市研究与实践——BIM/CIM系列丛书）
ISBN 978-7-5074-3328-9

Ⅰ.① 新… Ⅱ.① 万… ② 姜…Ⅲ.① 现代化城市－
城市规划－研究 Ⅳ.① TU984

中国版本图书馆CIP数据核字（2020）第245721号

　　本书是"新型智慧城市研究与实践——BIM/CIM 系列丛书"中的一本，深入浅出地介绍了我国面对的城镇化挑战、资源配置和可持续发展等问题。全书共分为4篇12章，包括：背景篇、建设篇、支撑篇、实践篇，全面系统地介绍了我国现行的国土空间规划、新型智慧城市技术及应用场景、BIM/CIM 技术在新型智慧城市的应用。书中选取了深圳市龙岗区、深圳坝光生物谷、北京市通州区、南京市南部新城、成都空港新城等案例，使读者直观了解新技术在智慧城市规划设计中的应用。

　　本书内容全面，可供地方城市领导、智慧规划建设者、智慧城市相关专家学者及相关人员阅读。

责任编辑：王砾瑶　范业庶
版式设计：锋尚设计
责任校对：张惠雯

新型智慧城市研究与实践——BIM/CIM系列丛书
新型智慧城市资源与规划
万碧玉　姜　栋　主编
*
中国城市出版社出版、发行（北京海淀三里河路9号）
各地新华书店、建筑书店经销
北京锋尚制版有限公司制版
北京雅昌艺术印刷有限公司印刷
*
开本：787毫米×960毫米　1/16　印张：16　字数：272千字
2020年12月第一版　2020年12月第一次印刷
定价：**119.00元**
ISBN 978-7-5074-3328-9
（904308）

丛书编审委员会

顾　问：褚君浩　郭仁忠　周成虎　孟建民　沈振江
主　任：尚春明　彭　明　沈元勤
副主任：郑明媚　聂聪迪　万碧玉　姜　栋　刘伊生
　　　　张　雷　刘　彪　张立杰　蒋瑾瑜　朱俊乐
　　　　张观宏　樊红缨
委　员（以姓氏笔画为序）：
　　　　马　蓉　朱　庆　吴晓敏　吴淑萍　张劲文　陈　炼
　　　　陈慧文　周　泓　郑从卓　赵蕃蕃　梁化康

组织编写单位：

中国城市出版社

深圳市斯维尔城市信息研究院

编写单位（以单位名义参编并提供相应支持）：

中国城市和小城镇改革发展中心

宁波市智慧城市规划标准发展研究院

德国弗莱堡市发展规划署

中城智慧（北京）城市规划设计研究院

北京交通大学

同济大学

深圳市斯维尔科技股份有限公司

深圳清华大学研究院斯维尔城市信息研究中心

广东省BIM+CIM工程管理工程技术研究中心

本书编写委员会

出版说明

　　自2012年国家多部委开始开展智慧城市试点以来，历经数年发展，各地逐渐摸索出符合我国国情的智慧城市建设方案。随着智慧城市建设工作的不断推进，对协调融合、信息共享的需求为智慧城市的建设提出了更高要求，新型智慧城市这一概念逐渐出现在公众视野中。2015年，新型智慧城市被首次写入政府工作报告；2016年，国家"十三五"规划纲要明确提出"建设一批新型示范性智慧城市"；同年10月，中共中央总书记习近平在主持中央政治局集体学习时强调，"以推行电子政务、建设新型智慧城市等为抓手，以数据集中和共享为途径，建设全国一体化的国家大数据中心，推进技术融合、业务融合、数据融合，实现跨层级、跨地域、跨系统、跨部门、跨业务的协同管理和服务。"党的十九大报告也指出，要把我国建设成一个网络强国，推动数字中国进程，构建智慧社会。近年来，依托大数据和现代信息技术的发展，打造智慧城市，正成为各地政府的一致选择。

　　由于新型智慧城市对信息协同共享的高要求，亟须建立相应的信息化平台作为实现这一要求的技术基础。近年建筑信息模型（BIM）和城市信息模型（CIM）开始在学界和产业界发酵，被认为是解决多源数据融合问题的有力支撑。2018年11月住房城乡建设部《"多规合一"业务协同平台技术标准（征求意见稿）》中鼓励有条件的城市在BIM应用的基础上建立城市信息模型（CIM）；目前，已有北京城市副中心、广州、厦门、雄安新区以及南京被住房城乡建设部列入"运用建筑信息模型（BIM）进行工程项目审查审批和城市信息模型（CIM）平台建设"试点城市。

　　目前市场上关于智慧城市的书籍，多为顶层设计或智慧城市中某一具体领域的应用，尚未形成体系。基于此背景，中国城市出版社、深圳市斯维尔城市信息研究院合作组织了包括中国城市和小城镇改革发展中心、中城智慧（北京）城市规划设计研究院、同济大学、武汉大学、北京交通大学、西南交通大学等近三十家单位共计六十余人的编写团队，结合国内外智慧城市优秀案例，全面探讨和总结了新型智慧城市的提出和发展模式、资源与规划、设计与建造、运营与治理，并提出了对未来城市发展的展望。

本丛书于2019年增补为"十三五"国家重点图书出版规划项目，丛书共分为四个分册，包括：《新型智慧城市概论》《新型智慧城市资源与规划》《新型智慧城市设计与建造》《新型智慧城市运营与治理》。在丛书的编写过程中，正值新型冠状病毒肺炎疫情。疫情防控的经验告诉我们，"新型智慧城市"不只局限于城市建设，除了智能交通、智能生活、智能公共服务外，还包括城市管理、智慧社区、绿色低碳建筑、再生能源等各个方面。本丛书及时总结了突发公共卫生事件和新基建下新型智慧城市的发展方向和路径。相信本丛书的出版将对我国新型智慧城市的建设起到一定的引领和指导作用，同时为新型智慧城市研究人员与高校师生了解新型智慧城市建设内容及实际案例应用提供重要参考。

中国城市出版社

2020年12月

　　建设新型智慧城市，是新时代为了满足人民日益增长的美好生活的需要，是解决城市发展不平衡的矛盾的需要，是解决"城市病"的需要，是实现中华民族伟大复兴的中国梦的需要。

　　当前中国正处于城镇化的重要阶段，根据2017年有关统计数据，目前中国有30个城市的全域人口超过了800万，有13个城市的全域人口超过了1000万。各个城市经济发展不均衡，各个城市的自然条件、产业发展、工业化和城镇化水平、商业环境、人口结构等情况各不相同，各大城市面临的问题也各不一样。

　　城镇化不仅是中国也是当今世界上最重要的社会、经济现象之一。21世纪初，全球人口的半数以上生活在城市地区，并且这种趋势仍在加剧，每年有超过6000万人涌入城市。现在，城镇化的步伐还在加快，随之而来的是大都市和城市群，这在人口密集的亚洲表现得尤为明显。根据联合国的预测，全世界358个百万人口城市中的153个出现在亚洲；27个人口超过千万的"超级城市"中有15个在亚洲。作为全球人口最多的国家，中国在城镇化过程中衍生出人口超千万的超大城市是必然的，很多问题也随之而来。

　　城镇化进程中涌现出了各种"城市病"，例如异常脆弱的基础设施、日益加剧的交通拥堵、不断恶化的生态环境、进城务工人员的蜗居生活……这些都是在城镇人口快速增长过程中出现的问题。

　　那些人口超千万的超大城市面临的问题尤为严峻，这些问题主要集中在以下几个方面：第一，当前超大城市地面沉降问题日益凸显。中国现在有超过50个城市发生地面沉降，地面沉降是一种严重的自然灾害，会危及城市基础设施的安全。第二，极端条件环境下城市灾害频发。超大城市的发展改变了土地利用性质，当城市不透水面占75%以上后，55%的降水需要靠地表径流来排，不透水层变化从根本上改变了降水再分配。由此带来的影响涉及城市建筑安全、城市生活，也影响城市的正常功能。近年来特大暴雨频发，如2016年汛期的武汉，24小时降雨达到550毫米。灾害频发给老百姓的生活带来很多不便，甚至会危及生命，对城市的经济也造成了巨大的损失。第三，交通拥堵问题突出。目前，国内外城市（特别是超大城市）普遍存在高峰期交通拥堵、停车难、公共交通出行难、交通管理难等问题，城市交通发展面临着交通安全和通行效率的双重挑战。第四，城市能源问题。大城市现有能源系统也面临着挑战，绿色能源生产不可持续，能源使用效率低。

上述这些"城市病"需要通过智慧城市来解决。智慧城市在实现经济转型发展、城市智慧管理和对广大工作和生活在城市的居民的智能服务方面具有广阔的前景，从而使得人与自然更加协调发展。

智慧城市要掌握三大技术，有这三大技术才能构成智慧城市。

第一个技术是"数字城市"空间信息技术，就是把物理空间城市所有相关的空间数据和非空间数据等全部数字化，将它们呈现在网络空间。中国的数字城市要从二维到三维、从室外到室内、从地上到地下，即三维GIS+BIM。

第二个技术是物联网（IoT）技术，通过无所不在的传感器网实现人与人、人与机器、机器与机器的互联互通，让在城市内外流动的人、车、物上网。物联网技术可以实现数字城市与现实城市的动态信息交换。BIM+3D GIS+IoT构成城市信息模型。

第三个技术是云计算。无处不在的、分布在城市中的大量各种类型的传感器不停地产生大量数据，通过物联网传输数据，但它们不能存储、处理和分析数据，所以需要无处不在的、社会化、集约化、专业化的动态可伸缩虚拟化的云计算和边缘计算来实现信息处理和智能服务。

简言之，城市具有生存繁衍、经济发展、社会交往、文化享受四大职能。智慧城市是城市职能的智能化延伸和发展，如实现智慧安防、智慧制造、智慧交通、智慧教育等，就是在上述四个方面保障城市"善政、促产、利民"。

习近平总书记在十九大报告中指出："以信息化推进国家治理体系和治理能力现代化，统筹发展电子政务，构建一体化在线服务平台，分级分类推进新型智慧城市建设，打通信息壁垒，构建全国信息资源共享体系，更好地用信息化手段感知社会态势、畅通沟通渠道、辅助科学决策。"2020年4月4日习近平总书记在杭州城市大脑运营指挥中心进一步指出："让城市更聪明一些、更智慧一些，是推动城市治理体系和治理能力现代化的必由之路，前景广阔。"习总书记的指示为我国新型智慧城市的建设指明了方向。

非常高兴看到"新型智慧城市研究与实践——BIM/CIM系列丛书"的策划与出版，本丛书由四册组成，第一分册《新型智慧城市概论》，在整体上介绍了新型智慧城市的发展历史，新型智慧城市的一些主要概念，以及国内外智慧城市的建设情况。第二分册《新型智慧城市资源与规划》，结合目前国内外智慧城市建设规划发展经验，对大数据时代下的新型智慧城市规划建设及相关的标准技术进行了梳理和总结。第三分册《新型智慧城市设计与建造》，聚焦新型智慧城市的设计与建设环节，通过吸收大量有关新型智慧城市的最新理论、政策与实践，力求建立相对完善的新型智慧城市设计、建造理论和应用框架体系。第四分册《新型智慧城市运营与治理》，在综合性分析与评估国内外智慧城市运营和治理方面的学术成果和发展成就的基础上，梳理与引导我国新型智慧城市建立运营生态体系和持续治理体系，完善生产生活、共享共治、维护正常的功能和秩序的过程，实现新型智慧城市对公共利益的保护，围绕提升新型智慧城市运营和治理能力的模式，利用大数据等作为先进技术范式来推动城市运营和治理能力的优化。

本丛书每分册均以BIM、GIS、CIM、物联网、大数据、5G等现代信息化技术应用为主线，对智慧城市不同阶段的建设内容、实施路径以及国内外实际应用案例进行了系统总结和分析。本丛书理论与实践相结合，覆盖面广，结构完整，内容翔实。对于国内外学者、研究及教学人员系统了解新型智慧城市建设内容及实际案例应用具有重要参考价值。

本丛书的出版，将填补新型智慧城市在规划、设计、建设、运营等方面体系化研究的空白，对总结新型智慧城市的实践经验，丰富新型智慧城市的内涵，发展具有中国特色新型智慧城市的理念，具有重要的学术价值，在我国建设国际一流的新型智慧城市方面具有引领与指导作用。

李德仁

中国科学院院士、中国工程院院士

武汉大学教授、博士生导师

2020年7月8日于武汉

本书序一

    智慧城市是城市发展基本趋势，未来城市基本范式。伴随中国特色社会主义进入新时代，我国经济已由高速度增长阶段转向高质量发展阶段。开展智慧城市建设，利用新一代信息通信技术推进城市管理、治理现代化，将是把握新发展阶段、贯彻新发展理念、坚持高质量发展的重要抓手。因此，如何科学有序、集约高效地推进智慧城市建设已成为城市治理和信息通信领域的共同课题和重要任务。

    近年来，我国智慧城市建设的技术研发和应用探索十分活跃，相关的基础、先导或示范应用工程收到了良好的效果，展现了这一领域的巨大发展前景。当然，我们也应该看到，城市是一个复杂系统，城市发展中出现的问题有其深层次原因，不是就事论事的技术方案就能根本解决的，我们需要对现代城市进行系统深入的研究。简言之，智慧城市建设，仅有ICT是不够的，需要城市研究和信息技术的融合集成创新，需要多视角、多维度的探索和思考。

    《新型智慧城市资源与规划》是多视角、多维度研究智慧城市的一个有益尝试。该书阐述了资源配置在城市规划中的重要意义，强调了规划对城市发展的重要性，系统研究论述了智慧城市发展需求下的城市空间规划理念、技术方法和工程路径，分析了智慧城市的标准化现状与智慧城市建设的技术资源体系，以数据赋能的视角总结了智慧城市可持续发展的经验。该书内容丰富，可作为城市管理者和智慧城市领域工程技术人员的参考书。

    相信该书对于推进新型智慧城市建设具有很好的理论指导和实践意义。

中国工程院院士

深圳大学教授

深圳大学智慧城市研究院院长

　　推进新型智慧城市建设是国家"十四五"规划的重要内容。近年来围绕智慧城市资源与规划保障体系建设，国内不断加强完善新基建政策与实践工作、优化综合监管和协调机制、推动技术和资源规划发展，努力实现物理世界的互联互通。

　　《新型智慧城市资源与规划》讲解了智慧城市的开放性、协同化互联互通等特点，根据智慧城市国内外标准化现状和试点标准架构，提出新型智慧城市评价的对策建议，并且从新型智慧城市建设现状数据赋能升值协同创新视角分析了智慧城市可持续发展的经验借鉴，构建出实现我国新型智慧城市可持续发展的资源协同创新路径——构建未来复合型城市，以ICT、GIS、BIM、CIM为支撑，运用先进的规划技术手段，进行多元资源整合，从而构建智慧型未来城市。

　　此外，本书系统地阐述了城市数据科学规划和部署；探索了新的规划资源的处理体系，为未来无论是政府还是相关的企业之间的规划，在新的时代创建新的合作共享机制；论证CIM和相关平台实现虚实映射、城市决策模拟仿真等强大的功能，重塑城市规划、建设、管理、决策等应用模式；探索建立了一套完整的新型智慧城市资源与规划体系。在数字经济时代融合创新的大背景下，本书对于推进新型智慧城市建设具有很好的理论指导和实践意义。

　　未来，希望新型智慧城市能够全面提升城市运行效率和提升市民服务水平，促进城市的健康可持续发展。

日本工程院外籍院士
日本国立金泽大学教授

前言

几十年来，我国走的是一条低成本城镇化的道路，城镇发展是建立在低成本获得城镇建设用地和廉价劳动力以及环境承载严重超负荷的基础上的。随着城镇化成本的提升，以往依靠资源扩张的城镇化发展模式是不可持续的；城镇化高速发展中承载力不足的问题随之而来，人口、交通、环境、资源等问题严重制约我国的城镇化发展进程。新型智慧城市的建设，目的就是遵循规律，让城市可持续地发展，朝着城市科学的方向解决实际问题。

"江城如画里，山晓望晴空"。城市是人类凝聚在大地上的诗歌，承载着人们的物质生活、便利的梦想，而智慧是"夫参署者，集众思，广忠益也"，满载人类的希望，包含人们对精神世界充实的美好向往。

新型智慧城市是新时代贯彻新发展理念，全面推动新一代信息技术与城市发展深度融合，引领和驱动城市创新发展的新路径，是形成智慧高效、充满活力、精准治理、安全有序、人与自然和谐相处的城市发展新形态和新模式。新型智慧城市是以为民服务全时全域全空间、城市治理高效有序、数据开放共融共享、经济发展绿色开源、网络空间安全清朗为主要目标，通过体系规划、信息主导、改革创新，加快新型基础设施建设与城市现代化深度融合、迭代演进，实现国家与城市协调发展的新生态。

本书深入浅出地介绍了我国面对的城镇化挑战、资源配置和可持续发展等问题。通过全面系统地介绍我国现行的国土空间规划、新型智慧城市技术及应用场景、BIM/CIM技术在新型智慧城市的应用和国内的典型实践案例，为各地建设新型智慧城市提供理论依据和实践经验。

随着科技日新月异，技术研究和应用的逐渐深入，文中涉及的智慧城市标准、BIM和CIM技术本身也在发展和变化之中，书中有些观点和描述可能存在偏差或片面性，有些描述和结论也仅仅是针对当时的应用环境，并不一定能完全代表未来的发展。特别是限于作者能力、经验和水平，本书内容可能还存在不能令人满意之处，也不一定完全正确，期待同行批评指正，以期改进和提高。

万碧玉

2020年12月12日于北京

目录

第三篇 支撑篇

第四篇　实践篇

第一篇

背景篇

- 我国城镇化进程与挑战
- 资源优化配置与科学规划解决城市发展问题
- 从数字到智慧的城市

第1章　我国城镇化进程与挑战

1.1　新型城镇化与智慧城市

随着我国城镇化进程的加速，在城镇化建设取得成果的同时也产生了很多问题和挑战：城镇建设支撑技术的落后，因过度开发导致自然环境的严重污染，因城镇空间快速扩张导致的土地资源浪费，还有城乡公共设施配套的不足等问题。这些问题都标示着我国需要改变城镇发展模式，通过新型的城镇化去实现我国绿色的、低碳的、集聚的、可持续的发展。

新型城镇化规划要统筹城市发展的物质资源、信息资源和智力资源利用，推动物联网、云计算、大数据等新一代信息技术创新应用，也要推广智慧化信息应用和新型信息服务，促进城市规划管理信息化、基础设施智能化等，因此智慧城市的发展建设就成为新型城镇化建设的重要方面。

在国民经济与社会发展第十三个五年规划当中，新型智慧城市作为重大的工程项目已经被纳入其中，我国各部委和各地各级政府以此政策为指引，围绕信息基础设施、信息服务、"互联网+政务服务"等领域，陆续开展相关的标准、产业、人才、试点示范等实施工作，推动各个领域向数字化和创新方向进行转型发展。其中，《关于深入推进新型城镇化建设的若干意见》和《国家新型城镇化规划（2014—2020年）》两份文件，将提升城市和中小城镇的公共服务水平和新型城镇化建设的重点方向之一，明确为智能交通、智能园区、智能管网、智能水务等城市建设智能化发展，这些举措深化了智慧城市建设与新型城镇化融合发展的内涵。

智慧城市是我国未来城市发展新的方向，是城镇化、工业化、信息化等国家战略的重要载体，是在大数据、物联网、云计算等新一代信息技术的支撑下，形成的一种新型的信息化的城市形态。

智慧城市和新型城镇化两者本质都是以人为本，创造绿色的适宜居住的人居环境和可持续发展的建设原则，两者都是为了更好地服务于社会，提升居民的生活水平，从而提升社会经济发展水平。新型智慧城市侧重通过结合新一代的信息化技术为城镇发展提供新模式，新型城镇化则以解决社会问题为主要目的。新型城镇化作为我国的重要发展战略，让我国城镇化发展由过去片面追求城市规模和空间的扩大，向以人为本，以提高城镇人口素质和居民生活质量为宗旨进行转变，而提升城市治理能力和现代化水平的城市新形态和新模式就是发展新型的智慧城市的建设，从一定程度上来讲，新型城镇化给智慧城市的发展建设带来了发展的契机。

1.2　我国城镇化面临的挑战

城镇化是一个国家现代化的重要内容，既是发展的手段，也是发展的目的。城镇化，也称为城市化、都市化，是指随着一个国家或地区社会生产力的发展、科学技术的进步以及产业结构的调整，其社会由以农业（第一产业）为主的传统乡村型社会向以工业（第二产业）和服务业（第三产业）等非农产业为主的现代城市型社会逐渐转变的历史过程。城镇化是社会经济、政治、文化发展到一定程度的产物，是衡量一个国家和地区社会发展程度的重要标志，经历了这样的过程，社会才能有更大的创新和进步。

党的十八大报告指出，必须以改善需求结构、优化产业结构、促进区域协调发展、推进城镇化为重点，着力解决制约经济持续健康发展的重大结构性问题。国家将把促进城镇化健康发展作为未来的重点工作来抓。根据《国家新型城镇化报告（2019）》，我国城镇化率达到58.3%。城镇化的进程也是城市问题和社会问题集聚的过程，随着我国城镇化率不断提高，一系列城镇化的问题在我国现阶段的城镇化过程中表现得十分突出，相比于国外精细化的增长模式，我国城市经济社会建设发展更偏向于粗放式的模式，我们必须深刻认识这些问题和矛盾才能更好地让城镇可持续发展。

1.2.1　人口问题

城镇化带动的农村劳动力向城镇转移，一方面缓解了农村地区劳动力过剩问题，另一方面也给城镇带来了人口增长过快、人口拥挤等问题。其次，大量农村人口涌向城镇的同时，也给城镇带来一系列问题。当城市还不具备接纳突然大量涌入的农村人口这种条件时，会使得原本就不算发达的城市，不具备解决这部分迁移人口的生活、工作、学习、住房等各种问题，也给原本基础设施条件差、住房条件差的城市无形中增加了更多的压力。城市工商业集中，人口密度大，人工设备密度高、活动强度大、导致交通拥挤。城市地域不断向四周蔓延，城市功能混杂，建筑密集，城市缺乏阳光、绿地、新鲜空气。另外农村人口的受教育程度普遍比较低，与城市人口形成了一定差距，他们也缺乏在城市生活工作所需要的相应知识和适应新时代、新物质条件的技能，就业方面竞争力比不过城市求职者，就业率低，收入水平低，大多数从事的劳动技术水平低，劳动强度大，就业稳定性差，也因此导致农村进入城市人口的贫困度增大，基本的生活得不到良好的保障，随之会产生城市治安管理问题。

1.2.2　生态环境问题

在城镇化的进程中，农田、森林、果园等逐渐被柏油路、高楼大厦所取代，加上受到短期利益和急功近利思想的驱使，乱砍滥伐、毁林开荒等不合理的开发，造成了诸如水土流失、土地沙漠化、森林覆盖率减小、草地退化等一系列的生态问题。森林被大量砍伐，植被减少，原有的自然生态系统的正常结构遭到破坏，地域生态功能也因此减弱，生物多样性锐减，自然灾害频繁发生，生态系统内部原本所固有的联系和秩序被打乱，空间上的完整性被割裂，加剧了生态系统的脆弱性，降低了生态系统自身的调控能力，甚至发生了不可逆转的情况，生态平衡严重失调。

资源是有限的，部分资源是不可再生的，最典型的就是土地资源。城镇化过程中不能只为追求眼前的短期利益，而忽视长远性的发展，必须坚持资源开发与节约并重的发展策略，以节约使用资源和提高资源利用效率为核心来支撑城镇化。

1.2.3　资源短缺问题

快速的城镇化会提高城市对于水、电、石油、燃气等各种资源的需求，资源供应上出现了供不应求的局面。最为突出和常见的就是城镇化带来的水资源问题，随着城市的迅速发展和城市人口的激增，生产用水和生活用水的大大增加，城市被迫限量供水。加上城市水质污染问题严重，地下水开采过量，这些问题都影响了水资源的持续利用和保护。

城镇化带来的城市规模的扩大和城市人口的剧增导致新区的建设占用大量的农用土地资源，导致城市呈现圈层式发展轨迹，城市建设用地增长快于人口增长的势头仍在进一步放大。然而城市的用地始终是有限的，如果继续坚持粗放型发展模式，之后城市的功能将因为土地的紧缺而得不到实现。

城镇化带来的非农业用地需求在不断增长，我国未来城镇化的土地调整空间十分有限，约95%的人口集中在不到50%的东部地区的国土面积上，且易和农用地、耕地等土地资源相冲突，导致耕地面积不断减小。来自人口和发展的双重压力下，土地资源和人口增长、经济发展的矛盾日益突出。

1.2.4　空间布局问题

我国城镇化的快速发展和各个地区间差异的多样性，导致我国形成了长三角、珠三角和京津冀三大东部沿海城市群，以及中西部地区的城市圈或城市群。但是相较于东部沿海城市群，中西部城市群数量不足、总体质量不高，带动周边地区发展的综合能力不强。我国的中小城市集聚产业和吸纳人口的能力有待提高，小城镇数量多，大部分规模小，承载能力有限，一些发达地区的特大镇财权和事权不匹配。东部城市群虽然有效带动了周边地区发展，但是东部城市群在人口、土地、资源和生态环境等方面问题逐渐凸显，节能减排和污染治理的压力大。

1.2.5   经济结构调整问题

自改革开放以来，我国产业结构和就业结构就在不断的改善和调整当中。城市是由第二、第三产业的区位所构成的特有经济空间，城镇化是第二、第三区位的生成、集聚和发展的过程。虽然存在大量农村剩余劳动力向城市转移的内在要求，城市却无法提供足够多的就业岗位，使得农村剩余劳动力无法实现向第三产业的有效转移，因此经济结构调整并未对城镇化进程起到实质性的推动作用。究其原因；一方面由于我国长期以来奉行重消费、轻积累，偏重重工业、抑制农业和轻工业的产业发展政策，导致产业结构表现出很大程度的偏差。另一方面，由于我国处在工业化初中期向中后期演进的历史阶段，资本密集型和技术密集型产业占有较大比重，这两种产业主导的经济增长对劳动就业的吸纳能力呈递减趋势，导致产业结构不断升级却难以带来就业结构发生质的飞跃。

1.2.6   科技支撑技术问题

外部环境对我国快速城镇化影响加大，随着对外开放程度的加深，全球产业调整、金融危机、碳排放风潮等外部要素已与我国的城镇化息息相关，这就要求快速城镇化阶段的科技支撑技术具有很强的外延性；由于城镇化速度过快，相应的监测和调控力量又接近饱和，传统文化凋零、城市无序扩张、自然环境破坏等问题屡屡发生，要求快速城镇化阶段的支撑技术具备快速反应能力。

1.2.7   发展意识欠缺问题

高速城镇化加剧了城市与城市间，城镇与城镇间的竞争烈度，激发出了各地决策者为了追求政绩，不顾城市本身资源基础，忽视地方实际情况和国家政策，大量建设城市基础设施，建好后疏于维护，后续无人管理。这种情况的出现与职能部门无法全面了解当地发展要素匹配情况，缺乏科学的土地利用监测评估和调控机制，无法进行有效的监测引导有直接关系。

1.2.8　各级地域主体差异化

中国城镇化的主体是多方面差异化地域单元的集合，按照不同的方面可以进行不同方向的划分，如果按照空间尺度进行划分，可以分为国家层面、省域层面、市（县）域层面、村镇层面、城乡层面和一些边缘地带。这些不同地域的空间在城镇化进程中展现出的发展政策思路、发展利益、动力模式方面的不一致和多样性为实现城镇化的整体可持续发展带来了挑战。一方面，由于现有的城镇化问题各个层面的利益不一致，加上各地各级地域主体之间缺乏联动，难以形成统一思想，针对多样性的差异缺乏整体性解决思路。另一方面，在相同地域层面下，各地城镇化的发展条件和发展问题也存在差异性，很难实现整体的分析比较，这种差异性造成难以统一的调控和管理。

城镇化还会衍生出许多其他层面的结构性问题：如城市与农村的协调，大城市与中小城市的协调，沿海城市与内陆城市的协调，城镇群之间的协调等。在城镇化发展过程中，如何理性科学地运用规划工具调控管理各级地域主体之间的利益，弥补其相互间的发展短板，发挥各级之间互补作用，是实现城镇化系统共同可持续发展的关键。

这些历史性的转型问题所产生的巨大影响在我国城镇化发展过程中是持续的，如果没有理性的工作态度和科学分析作为支撑，要实现我国整体层面的可持续的城镇化发展将困难重重。

城镇化带来的城乡社会转型是我国面临的巨大挑战，随之而来的城乡区域地形地物、土地覆被、生态环境将会发生巨大变化，城镇化发展的影响范围从未像现在这样广泛。尤为关键和重要的是，由于空间演变的惯性作用，这种短期的突变将对我国城镇化未来的格局产生长远影响。

现今国家大力倡导各地政府积极制定国土空间规划中的三线：生态保护红线、永久基本农田、城镇开发边界就是强调在空间上城镇建设开发需要考虑到的综合性和协同性，这也是对管理提出的更加精细化和高效的新要求。这三条控制线也在强调城镇开发要处理好生活、生产和生态的空间格局关系，着眼于推动经济和环境可持续与均衡发展。

第2章 资源优化配置与科学规划解决城市发展问题

2.1 资源短缺问题与挑战

随着我国经济增长方式由粗放型向集约型转变、经济重心向中西部的转移、经济体制由计划经济向市场经济转型等方面的变化,我国城镇发展必须顺应这些转变制定应变对策,主要包括:城镇发展原则与目标的转变、城镇发展方式由粗放型向集约型转变以及城镇发展重点向中西部倾斜,整体提高城镇化数量和质量等。我国资源短缺问题主要体现在三个大的发展制约中。首先是客观条件造成的制约,基于我国庞大的人口基数所造成的人均资源短缺,这种发展制约是长期性的,这种制约就决定了我国的城镇现代化目标只能走中国特色的道路。其次是主观条件造成的制约,由于可持续发展观念不强和对资源认识不够深刻导致的长期对现有资源的透支,加上本身人均资源短缺的问题,都严重制约着我国经济社会的发展。因此,必须重新认识资源的重要性,建立资源、人口、社会、经济和环境协调发展的全新的城镇发展观。最后是技术条件造成的制约,由于技术开发支撑不足,我国面临大量的资源低效率利用,加上保护意识欠缺的过度开发造成的生态环境的进一步恶化,对自然资源的利用和保护,必须考虑科学技术发展因素的影响。现今,以数据和信息资源为首的经济时代已经到来,以信息技术、生物技术、新能源技术及新材料技术为核心的科学技术将极大地改变我们的生活和世界的面貌。同时也意味着,需要通过提高科学技术的有效开发和应用,创造新的资源替代短缺资源。另外,通过引进新技术,可以解决城市发展中遇到的技术风险和难题,以确保实现城镇发展目标。

城市在现今变革与制约环境下如果想要快速高效又保持可持续的发展，就必须找到平衡点，需要作出适应性的，富有远见的调整，以新的发展建设规划方式实现资源短缺条件下中国城市的可持续生态发展。

2.2　资源配置与城市规划

城市资源作为城市发展的基本物质，合理有效地配置资源关系到城市整体的健康发展。城市资源的配置指的是该资源在什么时间、什么地点和由城市中支配管理者使用多少数量和多长时间。由于资源本身的稀缺性、有限性、可选择性等特征，城市资源合理配置的目标可以理解为使用有限的资源产生最大的效益或者是为取得既定的效益尽可能消耗最少的资源。基于合理配置目标的资源配置原则应该包含社会、生态、经济原则，而城市规划中的每一个具体的资源配置方案，必须权衡各种效益和各种利弊，然后按照综合效益原则实行资源分配，只有这样做才能实现城市资源的最优配置。

市场经济条件下的城市资源分配是基于市场原则的，市场经济制度的主要优点在于其资源配置的效率，在完全竞争的条件下通过价格的自发调节，能使整个经济自动地趋于和谐与稳定；但实际上由于现实经济生活与理论模型的差异，这种均衡状态很难实现。正因为如此，在现实经济生活中便产生了种种使得价格对资源的配置功能不能正常发挥作用的情况。市场失灵不仅使资源配置的效率降低，资源配置的合理性也会受到很大挑战。

导致市场失灵的原因很多，包括垄断、信息的不对称、公共产品和经济外在性等，其中经济外在性是导致市场失灵的重要因素。由于这些因素的存在，在对城市资源的规划与管理中，政府作为公共利益的代表为了保证资源分配的公平公正，就必须对市场进行干预，城市规划管理就是对市场干预的有效手段之一。城市规划作为政府对资源保护、城市建设、土地利用开发等方面干预和管制的主要理由在于，如果不对城镇化的动力和方向加以规划调控，城市的生活、生产环境将会出现一系列影响当地社会和经济发展的严重问题。从城市长期可持续发展来看，城市资源的可持续利用是实现城市可持续发展的首要目标，也是实现经济可持续增长、环境可持续改善、社会可持续公平的前提和基础。

城镇化实现过程中需要的是多种资源要素共同统筹发展，对城镇化各类可持续发展的监测与评价也表现为对各类资源要素系统作用变化的综合分析，对人口、土地、生态、社会保障、经济产业、基础设施等要素系统而言，每一类系统都是一个结构庞大的研究分析对象，且由于地理位置，政策环境，资源禀赋，历史背景的各不相同而表现出不同的发展状态和运作模式。这就需要构建一系列评价指标体系，并根据数理模型筛选出兼具典型性、客观性和可操作性的影响因子，从而实现广域范围内各城镇化主体的要素系统评价。

此外，还需考量各个资源要素系统相互作用，任何一个要素系统都不可能孤立在城镇化大系统之外。比如农民工进城务工，经济社会条件好的城市也吸引着农民工去务工，会使得城乡间始终有人口的输入和输出，地区的经济形式、社会状态、生态面貌反之也受农民工影响。因此，当城镇化很好地包容农民工群体时，地区差距缩小，全民生产效率提高，城市活力增加，社会秩序稳定等正循环产生，反之则会出现产业发展波动，地区犯罪率上升等一系列不良后果。

回顾我国的城镇化发展历程，由于没有科学理性的指引，无视城镇化进程中的多样性、动态性和复杂性，简单化的政策和管控引导导致了很多问题的产生，我国的城镇化将面临更多的挑战。只有充分发挥城市规划作为政府保证资源公平公正分配的宏观调控作用，高效地利用科学化和技术化工具，全面地协调，科学、可持续地监控管理城乡各个资源要素，才能有效地提高我国各系统层面的资源统筹分配和规划协调能力，实现我国可持续发展的城镇化目标。

第3章　从数字到智慧的城市

3.1　数字城市

数字城市指的是以计算机技术、多媒体技术和大规模存储技术为基础，以宽带网络为纽带，运用遥感、全球导航卫星系统、地理信息系统、遥测、仿真-虚拟等技术，对城市进行多分辨率、多尺度、多时空和多种类的三维描述，即利用信息技术手段把城市的过去、现状和未来的全部内容在空间信息平台上进行数字化虚拟实现。

数字城市这个大系统是一个人地（地理环境）关系的系统，体现了人与人、地与地、人与地相互作用和相互关系，其子系统包括政府、企业、市民、地理环境等，子系统之间既相对独立又密切相关。政府管理、企业的商业活动、市民的生产生活无不体现出城市的这种人地关系。城市的信息化实质上是城市人地关系系统的数字化，它体现"人"的主导地位，通过城市信息化更好地把握城市系统的运动状态和规律，对城市人地关系进行调控，实现系统优化，使城市成为有利于人类生存与可持续发展的空间。城市信息化过程表现为地球表面测绘与统计的信息化（数字调查与地图），政府管理与决策的信息化（数字政府），企业管理、决策与服务的信息化（数字企业），市民生活的信息化（数字城市生活），数字城市的发展应该囊括以上四个进程。

数字城市通过利用空间信息构筑虚拟平台，将包括城市自然资源、社会资源、基础设施、人文、经济等有关的城市信息，以数字形式获取并加载上去，从而为政府和社会各方面提供广泛的服务。数字城市能实现对城市信息的综合分析和有效利用，通过先进的信息化手段支撑城市的规划、建设、运营、管理及应急，能有效提升政府管理和服务水平，提高城市管理效率、节约资源，促进城市可持续发展。

由于人类生活和生产的信息有80%与空间位置有关，因此数字城市是构筑和运行在空间信息平台的基础上。从一定程度上来看，空间信息平台是数字城市建设过程中的基础设施建设，数字城市的各种高端应用都需要通过空间信息平台实现，并受空间信息平台的建设情况制约，空间信息平台与数字城市的关系就如同道路、桥梁与实体城市的关系。

进入21世纪以来，我国经历了2003年的"非典"疫情，时隔17年再一次面临着"新冠病毒"疫情的考验。但此次我国应急响应能力已与"非典"时期不同，采用了大数据分析追踪，在遏制疫情的进一步扩散和尽早发现潜在感染人员方面起到了十分重要的作用。事实证明，科技的进步和创新将成为未来我国综合能力建设的重要组成部分。

3.2　智能城市

智能城市也称为网络城市、数字化城市、信息城市。

智能城市建设是一个系统工程。在智能城市体系中，首先城市管理智能化，由智能城市管理系统辅助管理城市，其次其包括智能交通、智能电力、智能建筑、智能安全等基础设施智能化，也包括智能医疗、智能家庭、智能教育等社会智能化和智能企业、智能银行、智能商店的生产智能化，从而全面提升城市生产、管理、运行的现代化水平。

智能城市是信息经济与知识经济的融合体，信息经济的电脑网络提供了建设智能城市的基础条件，而知识经济的人脑智慧则将人类智慧变为城市发展的动能。

智能城市与园林城市、生态城市、山水城市一样，是对城市发展方向的一种描述，是信息技术、网络技术渗透到城市生活各个方面的具体体现。智能城市意味着城市管理和运行体制的一次大变革，为认识物质城市打开了新的视野，并提供了全新的城市规划、建设和管理的调控手段，从而为城市可持续发展和调控管理提供了有力的工具。此外，智能城市还将更好地体现出现代城市"信息集散地"的功能，意味着城市功能全面实现信息化，更好地促进城市人居环境的改善和可持续发展。

3.3 智慧城市

智慧城市经常与数字城市、感知城市、无线城市、智能城市、生态城市、低碳城市等区域发展概念相交叉，甚至与电子政务、智能交通、智能电网等行业信息化概念发生混杂。对智慧城市概念的解读也经常各有侧重，有的学者专家侧重于技术应用，有的学者专家认为在于网络建设，还有专家认为关键在人的参与，有的专家则认为关键在于智慧效果，一些城市信息化建设的先行城市则强调以人为本和可持续创新。总之，"智慧的城市"不仅仅是"智能"。智慧城市绝不仅仅是智能城市的另外一个说法，或者说是信息技术的智能化应用，还包括人的智慧参与、以人为本、可持续发展等内涵。智慧城市不仅仅是物联网、云计算等新一代信息技术的应用，更重要的是通过面向知识社会的创新应用。

智慧城市通过物联网基础设施、云计算基础设施、地理空间基础设施等新一代信息技术以及其他工具和方法的应用，实现全面透彻的感知、宽带泛在的互联、智能融合的应用以及以在用户、开放、大众、协同等方面的可持续创新为特征，通过价值创造，以人为本实现经济、社会、环境的全面可持续发展。概括起来，智慧城市的特征体现为：全面透彻的感知、宽带泛在的互联、智能融合的应用以及以人为本的可持续创新，而智能城市主要是强调信息技术技术应用。伴随网络帝国的崛起、移动技术的融合发展以及创新的民主化进程，知识社会环境下的智慧城市是继数字城市之后信息化城市发展的高级形态。

21世纪的"智慧城市"应该是能够充分运用信息和通信技术手段感测、分析、整合城市运行核心系统的各项关键信息，从而对于包括民生、环保、公共安全、城市服务、工商业活动在内的各种需求作出智能的响应，为人类创造更美好的城市生活。

2016年，日本政府为了兼顾经济发展与社会课题，通过利用科技来解决社会面临的少子化及人口结构老化等问题。在其发布的"第五期科学技术基本计划"中第一次提出"超智能社会——社会5.0"概念。该计划指出，"社会5.0"具备以下三个核心要素：一是虚拟空间和物理空间高度融合的社会系统；二是实现超越年龄、性别、地区、语言等差异，为多样化和潜在的社会需求提供必要的物质和服务；三是让所有人都能享受到舒适且充满活力的高质量生活，构建一个以人为本、适应经济发展并有效解决社会问题的新型社会。2018年6月，日本政府公布了《未来投资战略2018：向"社会5.0""数据驱动型社会"变革》报告，并在报告中指出，未来日本将对生活和生产、能源和经济、行政和基础设施、社区和中小企业4大领域的12个方面重点展开智能化建设，其中针对日本社会所面临的发展困境，在科技发展、医疗卫生、物流运输、农业水产以及防灾减灾等方面给出了较为清晰的未来发展蓝图。该报告着重从医疗、物流和防灾应急3个方面就"社会5.0"的发展方向和可应用场景进行分析和阐述。报告拟定了包含物联网、大数据、人工智能与机器自动化等在内的科技挑战目标，同时描绘了20年后人类的生存环境。无论在生活环境或产业环境的背后，都有着高度计算机化、智能化的身影，例如定制化的蔬果种植或自动化的汽车生产等，以此构建更贴近符合个人需求与物联网喜好的超智慧社会，日本《科学技术白皮书》将这种超智慧社会命名为"社会5.0"。预期这种融合网络与实体来实现全体最适生活与工作的新经济社会，已经成为世界性的发展趋势。

以高新科技为载体、以万物互联为特征的日本"社会5.0"，提供了人与科技、人与机器和谐相处的蓝图。"社会5.0"主要透过物联网、大数据、人工智能与机械自动化等技术，并藉由跨领域整合，将这些技术扩展到所有产业与社会生活的应用层面。可以进一步提升产业竞争力，提升生活的便利性，最终实现以人为本的超智能社会形态。"社会5.0"将可能是智能社会、智能城市和信息革命的进一步发展。

虽然我国已经在城市智能化、智慧化领域加大了投入，取得了长足的发展。但在这一过程中，也要清楚地认识到，无论是智慧城市，还是"社会5.0"的智能化、智慧化，都并非一刀切式地运用新技术彻底替代或淘汰传统劳动力，而是借助新一代技术的广泛应用，通过更加高效的方式来工作和生活，改善生活和劳动环境，营造和构建起更加"以人为本"的生产、生活空间。

第二篇
建设篇

- 概述
- 新型智慧城市的资源
- 新型智慧城市的规划

第4章　概述

以医疗资源为代表的公共服务资源一直是稀缺资源的代表，当前我国的城市规划建设发展过程中和传统城市规划建设中对于资源配置的建设还存在很多短板，这需要新型智慧城市规划转型到国土空间规划体系中，更加有效配置城市内的公共服务资源。城市的有效运转不仅仅需要政府提高对公共服务资源的配置，其他城市建设资源也要合理分配、合理利用。

4.1　新型智慧城市规划与资源

城市作为资源集约和资源消耗的集中地，既消耗资源又产生新的资源，如何整合利用好城市的各项资源是城市规划的重要任务，也是新型智慧城市规划的重大课题。

为广大人民群众生活提供服务的公共类设施、科教类设施、医疗卫生以及市政建设等公共的资源作为城市规划管理的重要资源，其主要由政府进行配置和管理。随着我国社会经济的发展、城市化进程的加快，从国内外发展经验来看，在大城市、特大城市优化公共资源配置已成为共识。但如何更好地发展与管理城市资源，实现在社会中的效益最优化，并最大限度地提高规划和管理水平，成为目前面临的重要现实问题。

4.2　新型智慧城市规划与建设

　　新型智慧城市的建设主要围绕协调和可持续的发展理念，促进区域协调发展、城乡一体发展，统筹兼顾、综合平衡，补短板、缩差距，推动资源配置和基本公共服务均等化。应在充分发挥市场配置资源决定性作用的同时，更好发挥政府作用，制定具有前瞻性、全局性、针对性和可操作性的新型智慧城市战略规划，鼓励区域、城乡和部门分工协作，优化资源配置。

　　随着智慧城市建设的不断推进，智慧城市的发展理念、建设思路、实施路径、运行模式、技术手段等全方位迭代升级，进入以人为本、成效导向、统筹集约、协同创新的新型智慧城市发展阶段。从发展重点来看，应进一步强化城市智能化的设施统筹布局和共性平台建设，破除数据孤岛，加强城乡统筹，形成智慧城市一体化运行格局；从实施效果看，通过叠加5G（第五代移动通信技术）、大数据、人工智能等新技术发展红利，推动智慧城市网络化、智能化新模式，新业态竞相涌现，形成无所不在的智能服务，让人民群众对智慧城市有更切实的现实获得感。

　　随着新型智慧城市发展内涵和外延的不断扩张，这一系统性工程的复杂度也与日俱增。强化新型智慧城市的顶层设计，是高效有序科学推进智慧城市建设的重要一步。目前，我国各地在推动智慧城市顶层设计的过程中，呈现三大典型趋势特征：一是高位谋划凸显全域一体；二是分级推进注重差异布局；三是条块融合促进联动运行。各地基于城市发展需求出台智慧城市发展的顶层政策，衔接上级部门、指导地方城市，逐步形成部门协同、上下联动、层级衔接的新型智慧城市发展新格局。其中，省级城市、地区中心城市智慧城市发展水平相对较高，经过前期发展，现阶段顶层设计更强调理念更新、架构一体、统筹推进。同时，新型智慧城市顶层设计与规划注重多规融合、多规合一。

　　我国各级各类新型智慧城市建设已经从技术导向、注重建设全面转向成效导向、突出运营阶段。技术架构和业务板块相对固化而成熟，如何解决好政府与市场、全面与聚焦、应用与创新的关系，建立更为高效、顺畅、有机衔接的组织机制、管理机制、运营机制、合作机制，成为现阶段各地推进新型智慧城市建设的核心关注点和探索方向。明确推进智慧城市建设的管理机构，实现数据资源的共享与业务协同，为"智慧城市运营商"提供支持和落脚点，探索出可持续发展的智慧城市商业模式。

  智慧基础设施是融合感知、传输、存储、计算、处理为一体的战略性设施，是支撑城市经济社会发展的新基建，也是新型智慧城市的建设基石。随着传统基础设施建设的边际效益和人口红利降低，加上5G技术的逐渐成熟，人工智能、物联网、车联网等战略性新兴产业有了应用场景，支撑产业和社会智能化升级的智能设施将成为未来增长点。

  随着城市物联感知数据不断汇聚累积，以及大数据、人工智能、区块链等各类技术的深度应用，强化关键共性能力整合和统一赋能，成为消除数据孤岛、支撑上层业务条块联动的必然选择。智慧城市业务层共性能力单元逐步下沉，支撑平台层（数据共享交换平台、时空信息平台等）逐步扩张，聚合成为城市大数据平台、城市信息模型平台、共性技术赋能与应用支撑平台，形成强大的数据资源枢纽和能力赋能中心，成为向下统接智能基础设施、向上驱动行业应用的智能运行中枢。"智慧中台""城市大脑""城市信息模型"等平台正在全面重塑新型智慧城市的建设和发展模式。

  新型智慧城市的建设需要始终贯彻协调发展理念，促进区域协调发展、城乡一体化发展，统筹兼顾、综合平衡，补短板、缩差距，推动资源配置和基本公共服务均等化。只有这样做，才可以在充分发挥市场配置资源决定性作用的同时，更好发挥政府的作用。与此同时，政府需要组织制定具有前瞻性、全局性、针对性和可操作性的新型智慧城市战略规划，去鼓励区域、城乡和部门分工协作，优化资源配置。

  新型智慧城市建设已全面进入以服务为内核、成效为标尺的新阶段，触手可及的惠民便企服务成为新型智慧城市近年来发展重点，超级应用崛起成为服务触达的重要渠道，智慧政务服务全面普及深化，新技术赋能便捷生活服务，各类企业积极参与提供城市融合服务。"互联网+政务"小程序、便民服务App（应用程序）等越来越多的新型线上基础设施不断出现，公共服务供给侧市场进一步拓展，跨界融合开放发展格局全面形成。

  新一代信息技术的融合发展和创新应用，将大幅提升社会治理能力，推动智慧城市治理手段和治理方式更加数字化、网络化、智能化。同时，社会治理体制机制与信息技术手段相互融合、适配，治理架构和治理过程更加扁平化、协同化、社会化。智慧治理在互联网+监管、网格化管理、视频安防等领域形成一批新亮点，智慧治理服务从城市向社区、村镇等基层延伸，社会管理服务体系呈现全要素网格化发展态势，物联网、大数据、人工智能等信息技术的普及应用，为开展业务工作提供了新手段，在减少人力成本的同时，大幅提升智慧城市管理服务效能，加快构建完善智慧城市共建、共治、共享的智慧治理格局。

数字经济已成为新型智慧城市建设的重要组成部分。城市通过发展数字经济形成叠加溢出效应，将更好地支撑城市的创新转型，引领城市现代经济体系和生产方式加速向网络化、数字化、智能化演进。各地区因地制宜推进区域数字经济部署，大力推动本地产业数字化转型，重视数字经济监测评估，以深化"产城融合"为核心理念，通过建设新型智慧城市，推动政企双向数据流通，发展智慧城市行业融合应用，以应用换市场，培育一批数字服务龙头企业，力争抢占新一轮数字经济竞争制高点，探索城市智能化转型和产业结构化创新双赢格局，提升城市综合竞争力。

绿色低碳可持续发展理念是新型智慧城市建设的核心发展观。在技术创新涌动和互联网思维驱动下，各地正积极探索更加绿色低碳的生产、生活方式，推进更为精准精细的生态监测，绿色环保、绿色生活融入公众日常。利用互联网促进生产生活方式绿色化，是互联网与生态文明建设深度融合的重要内容之一，共享出行、无纸化办公、垃圾分类回收等绿色生活服务模式正借助信息化手段得以规模化推广，不断提升新型智慧城市生态文明建设水平。

技术创新赋能城市转型发展始终是贯穿新型智慧城市建设的重要驱动力。随着新一代信息技术革命浪潮的持续涌动，以数字孪生、区块链、人工智能等为代表的智能技术集群与新型智慧城市全面融合，提升新型智慧城市发展效能。新型智慧城市越是发展迅速，越是需要标准的规范，在国家标准委的统筹推进下，目前我国持续深入参与ISO（国际标准化组织）、IEC（国际电工委员会）、ITU（国际电信联盟）智慧城市国际标准化工作，并进行国际国内研究成果相互转化，目前已经初步搭建形成我国智慧城市标准体系，涉及术语定义、参考模型、评价指标、支撑平台、数据融合、基础设施、顶层设计、运行管理等多个方面，智慧城市标准化建设逐步步入正轨。

通过立足新发展阶段，贯彻新发展理念，构建新发展格局，推动城市高质量发展，积极地推进基于数字化、网络化、智能化的新型城市基础设施建设和更新改造新城建，新城建与新型智慧城市创新发展应该有机结合、相互促进、协同发展。住房城乡建设部部长王蒙徽曾说过"新城建"主要包括七个内容：一是全面推进城市信息模型（CIM）

平台建设，推进CIM平台在城市体检、智慧市政、智慧社区、智慧交通等领域的应用；二是推动智能化市政基础设施建设和更新改造；三是协同发展智慧城市和智能网联汽车；四是建设智能化城市安全监管平台；五是加快推进智慧社区建设；六是推动智能建造和建筑工业化协同发展；七是构建集感知、分析、服务、指挥、监察为一体的智能化城市运行管理服务平台，推进城市治理"一网统管"。

新型智慧城市的创新发展将为公众带来更加便捷的服务。同时，公民个人信息的安全维护也要同步重视，在国家层面，可以持续加大对移动应用服务违规搜集数据的监管力度，在企业层面，积极推进面向移动应用的违规监管工具的研发，以技术手段加强智能终端安全服务能力，为用户营造更加清朗便捷的移动服务环境，推动新型智慧城市建设和网络安全产业发展同步跃升。

第5章　新型智慧城市的资源

城市的建设发展离不开城市资源的利用，应对新的城市挑战，合理地配置城市资源，应不仅仅从城市的自然资源着手，更要从信息资源、信息基础设施资源、人才资源、数据资源及其他多要素城市资源出发，实现城市资源优化配置，达到资源配置效益最大化。

5.1　资源概述

5.1.1　资源定义及其特征

"资源"是指一个国家或一定地区内一切可被人类开发和利用的物质、能量和信息的总称，包括物力、财力、人力等各种物质要素。根据其成因的不同，作用的不同，形态的不同等，会有不同的分类方法，一般来说，资源可以分为自然资源和社会资源两大类。前者如阳光、空气、水、土地、森林、草原、动物、矿藏等；后者包括人力资源、信息资源以及经过劳动创造的各种物质财富等。在城市建设发展过程中，城市所需要和利用的资源一般具有以下几种特征：

（1）可用性，即是为城市中生产者或消费者所需求的资源，如土地，空气，水等；

（2）稀缺性，即该资源的社会需求和其实际存有量有差距，其量有限制，如土地、化石燃料；

（3）可选择性，即该资源的用途多种多样是可以选择的，如森林、水。

可以说，城市所利用的资源指的是一切直接或间接地为城市延续和发展所需要并构成生产要素的、稀缺的、具有一定开发利用选择性的资源，是编制城市规划的核心要素之一。

公共资源作为资源的一种，其所有权由全体社会成员共同享有，是人类社会经济发展共同所有的基础条件。在国家或地区范围内，在法律上不属于个人或组织的全部资源，如公路、桥梁、河流、港口、水源、航道、森林、矿藏、空气、阳光、文物古迹、自然景观、文化典籍、科技成果等都属于公共资源。公共设施和公共物品是人类长期生活积累创造的为公共所共有的财产，它能为人类的生存和发展创造必要的条件，是关系社会公共利益、人民生活水平和社会可持续发展的资源。

从宏观角度来看，公共资源是区别于私有财产资源的一个概念。不同于私有财产所有权跟使用权都归私人所有的特性，公共资源完全不存在任何所有权，具有突出的竞争性与非排他性的特征。它是为全社会所共有，必须为全社会共享的为人民服务的资源。从微观层面来看，公共资源主要包括社会保障、基础教育、医疗卫生、基础设施。

因为公共资源不具有排他性，每个人在使用公共资源时都会出于自己的利益考虑，会尽可能多地去利用它。加上公共资源又具有竞争性的特点，导致它很容易很快被过度地使用，从而造成一系列灾难性的后果。

城市公共资源是政府经营城市的主要资源。城市运营就是运用市场经济手段对构成城市空间和功能载体的自然资源、人力资源和社会资源等进行重组和运营，提高城市综合竞争能力。城市运营不能离开城市规划、建设等管理手段的支撑和引导，始终贯穿于城市建设的全过程。

资源本质是相对于人类认识和利用的水平来区分层次的，材料、能源、信息是现在城市发展可以利用的珍贵资源。在人与社会、自然的各个系统中，所有的发展变化要依靠开发和利用各种资源，而资源系统由于自身动因和人的相互作用也在发展变化，在发展过程中要达到动态的平衡，需要地区间的资源互补和动态交流，防止资源组合错位的差距。

只有充分认识到所有的社会活动、人，都是自然大系统的一部分的时候，才可能真正实施与自然协调发展。而且，也只有把各种资源都看成人与自然这个大系统中的一个子系统，并正确处理这个资源子系统与其他子系统之间的关系时，人类才能高效利用这种资源。

人类从学会利用材料资源再到能量资源到信息资源，推动了人类社会从农业时代向工业时代再向信息时代的不断迈进，只有全面地开发和综合利用三大资源，才能不断地推动社会进步和发展。

5.1.2　资源的重要性

社会发展和人类活动的目的是不断满足日益增长的物质、文化、健康、安全、生活和全面发展的需要。发展的目的就是以人为本，不是为发展而去发展。由于经济的迅速发展和人口膨胀，人类对地球造成的影响规模空前加大，人口、资源、环境与发展的矛盾愈来愈突出，建设发展的结果就会偏离了发展的目标。

在新世纪、新时代，新的经济增长模式得到空前发展，资本、知识、科技成为国家经济增长的助推器，依靠传统自然资源发展建设的模式已经转变，以人为本，以科学发展观统领经济社会的可持续发展，追求经济发展的速度、质量、效益相协调，投资、消费、出口相协调，资源、人口、环境相协调是可持续发展始终坚持的目标。

随着科技的进步，认识自然和社会手段的丰富，社会资源和自然资源具有多样性，各行各业百花齐放。对资源的认识，资源的内涵和外延不断深化和扩大，很多虚拟的未知的潜在的资源得到开发利用。社会的发展和社会的管理，都集中在资源管理和资源的开发利用上，很多原本没有价值的物资、知识、时间、空间等成为可利用资源。

局限于资源的有用性，有用即资源，无用即不是资源，往往导致资源的过度开发和创新乏力，只是站在使用者的角度看问题，从整个社会全局及未来发展看，周围所有的都是资源，有自然资源、社会资源和灾害资源；资源的稀缺性往往导致对资源的垄断和掠夺性开发，产生垄断利润和环境灾害，与建立节约社会、可持续发展社会、和谐社会背道而驰。

对资源的认识和管理，特别是利用，既可以为开发利用提供方向，也可以为管理资源、优化资源的配置有所指导。

资源具有时间价值，要以一种发展的、动态的观念来认识资源，今天的废物，或许就是明天的资源，没有不能用的资源，只有用不好的资源，科技的快速发展和人们开发建设观念的改变将会影响到资源价值的改变。从动态的角度认识资源，主要包括以下三个方面：一是重视城市生产生活中的资源循环利用，促进资源的再生循环和回收循环，变废为宝，将资源一次性利用转向循环利用和综合利用；二是重视和充分利用城市发展过程中积累的资源，通过改造、科技创新等手段，促进城市沉淀资源再利用；三是重视未开发资源的保护和促进现有资源的可持续利用，避免只顾眼前利益不顾长远的规划发展。

5.1.3　资源的类型

资源是人类社会赖以生存的根本，对资源的开发利用是人类社会的主要社会活动。随着人类文明的进步，科技的革新，人类对资源的认识在不断变化，对资源的开发利用方式也在不断改变。城市资源形式多样，种类多且复杂，在城市发展的不同时期，资源观念也不尽相同。

资源根据不同的特征、特性、属性等不同方向，会有很多分类方式。城市资源根据资源的基本属性可以将资源分为三类，分别为：物质资源、文化资源和人力资源。其中，物质资源指的是有形的资源，这些资源奠定了城市的基本结构、空间范围和功能，是城市的基础资源，包括：城市基础设施、房屋建筑、园林绿化等设施资源，也包括城市利用的土地、水源、能源等要素资源；而文化资源则是城市长时间发展过程中逐渐淀积下来的无形的知识和智慧资产，构成了城市的内核，包括：城市历史、城市文化、城市标志、当地名人和风气等；人力资源是城市资源利用者、保护者，是城市生产生活创造的主导者，指的是具有劳动技能和工作经验的劳动力。

城市资源根据资源的系统形成原因可以将资源分为两类，分别为：自然资源和社会经济资源。自然资源一般指的是自然界原始存在的、可供城市利用的土地、水、矿产、动植物等，城市建立在一定的自然地理空间位置上，被自然环境包围。自然环境中的风、水、动植物、矿产等资源，都会对城市的形成和发展带来直接或间接的影响。所以自然资源是重要的城市资源。基于人类社会经济活动产生的、为城市服务的和城市发展相关的资源则都属于社会经济资源。城市本身是社会经济发展成果的产物，城市内的建筑物、基础设施、人文生活等都是基于自然原始资源所创造的。所以，城市资源系统本身是具有综合性、复杂性的大系统。大系统内的各类资源相互影响、相互制约和发展，一同构成了城市内的资源系统。

城市资源根据资源的经济特征可以将资源分为两类，分别为：私人品资源和公共品资源。私人品资源指的是个人拥有，并由个人支配的产品，比如：居民住房；公共品资源指的是由社会提供并为城市居民共同享用的物品，比如：教育、公共卫生、政府提供的基础设施等。

城市资源根据时间迭代发展的特征可以将资源分为两类，分别为：传统要素资源和新要素资源。传统要素资源是以具体物质形态存在的资源，是有形资源和硬资源，包括：土地资源、水资源、能量资源等。新要素资源是无形资源，是软资源，包括管理资源、技术资源、信息资源、知识资源、制度资源等，是一种更动态、更宽泛、多维度、立体化的资源，具有衍生性、复制性、柔性与组合性等特点。新要素资源必须作用于传统要素资源才能发挥价值，二者的充分结合，对经济增长的质量、速度、效益等会起到决定性的影响，对经济的增长产生巨大的乘数效应。随着人类对传统要素资源的认识不断深化和科学利用，传统要素资源对人类社会的制约将越来越弱，新要素资源将成为影响人类经济社会生活的主导资源，新要素资源的开发利用是未来人类社会资源利用的主要方向，未来经济社会的竞争更多的是一种观念的竞争和智慧的较量，是观念、制度、经济结构的比较决定城市的实力和竞争力。通过新资源要素的开发、创新使用与配置，加强传统资源要素的挖掘、高效循环利用程度，通过二者充分结合，发挥新要素资源的创新特性，可以利用更少的传统要素资源创造更多的社会财富，从而突破资源瓶颈和增长极限，创造出最大的价值，促进资源的可持续利用。

5.2　城市资源与城市发展的关系

城市发展的过程实际上是各种物质、能量、信息不断转化为城市资源的过程。城市资源系统与城市环境共存，并随着城市环境变化而变化。从社会经济环境角度来看，城市资源系统的规模应该与城市社会经济功能相适应，与经济发展水平协调一致。从城市自然环境角度来看，城市资源系统内资源的类别、结构、数量和质量与城市所处的地形、气候、水土保持着一致性，从这一角度看，可以说有什么样的环境就有什么样的城市资源系统。

城市资源系统是城市发展的重要动力，也是城市系统的重要组成部分。例如，土地资源，城市若拥有丰富的土地资源其城市拓展的空间就大，所能够承载的人口数量也就越多，城市基础设施资源越完善，城市就越能够发挥其各项功能；文化资源，如果一座城市能够拥有悠久的历史和文化，其历史人物和历史名城都是城市的名片，是这个城市无形的竞争力；人力资源，城市本身具有吸纳各类人力资源的能力，是人力资源聚集产能的场所，从另一个方面讲，城市所提供的文化教育、经济政治等各种活动提供了培养人力资源的良好条件，两者相辅相成，共同发展。

城市资源系统对城市发展的影响主要表现在资源配置和利用的关系上。资源匮乏的城市会影响城市发展，而资源滥用，资源浪费的城市则会导致城市畸形发展，只有城市资源合理配置，城市发展才能健康可持续。

城市可以通过强化自身的资源配置和调控能力，让软资源和外部资源（包括区域和全球资源），释放最大价值，从而增强城市的资源优势，并把资源优势转变为城市实力。在经济全球化背景下，资源要素的流动空间已经拓展到全球，因此对城市资源的配置和调控应站在全球资源链和资源网络的角度进行，顺应时代潮流，从更大空间谋划城市资源的获取途径，大力实施走出去战略，充分利用外部资源，在更大范围内进行资源重组和资源整合，使城市融入全球经济循环之中。

合理配置和利用资源主要在保障社会公平和公正的基础上实现公共资源的充分供给，另外一个方面就是要对稀缺资源有效保护的前提下实现其可持续利用。资源利用的最大价值在于促进社会公共利益最大化，保障社会公平、公正，促进社会和谐。资源的合理配置是城市发展的基础性问题。在城市建设发展过程中总是会面对各类复杂问题，而用以解决城市问题的资源总是有限的和稀缺的。稀缺性本身决定了资源的价值，但稀缺性又是一个相对的和发展的概念，相同的资源在不同的地区和不同的发展阶段，其稀缺性也会发生变化。相对于其他资源，土地等自然资源和环境往往具有不可再生性，其一旦发生破坏，修复是一个慢变量，因此需要特别关注，并对其加以保护和合理利用。因此在既定的时期，要根据形势，对稀缺资源进行排序，确定轻重缓急，进而给出以稀缺资源为导向的解决问题的时间表。对于每一个城市，其资源政策与该城市的资源条件以及城市以往的发展模式有着密切的关系。可持续发展观要求城市政府用发展的眼光，在准确判断城市和经济社会发展阶段的基础上，及时确定城市稀缺资源，并加以战略性保护和科学利用。

5.3　城市的自然资源

5.3.1　土地资源

在实际生活中，自然资源扮演着桥梁和纽带的角色，对社会经济发展具有十分重要的作用，因此，加强并完善对自然资源资产的管理，符合我国社会发展的需求，同时也能促进其与空间规划和经济发展之间的协调，从而保证我国社会的健康、稳定。

因为自然资源具有有限使用的、不可再生的特征，资源的可贵性就体现出来了，最典型的就是土地资源。城市土地是城市发展和建设的基础性资源和城市活动的载体。作为人类社会文明的聚集场所，城市土地更加全方位展示着文明的进程，为社会的进步提供了基本资源要素。城市的土地具有自身的特性，因为其包括了地质地形、岩石、土壤、水、生物等要素组成的自然资源，还包括了土地开发过程中凝聚着人类劳动的社会经济资源，所处位置不同引起价值差异的区位资源也囊括其中，这种复合型的资源特性决定着城市土地的复杂性和多变性。

城市土地利用系统是一个开放的、复合的和高度人工化的巨系统，是一个典型的自然—经济—社会复合系统。城市土地利用巨系统具有复合性、结构层次性、系统关联复杂性、开放性、动态性等特征。

土地资源是城市发展中的一个重要因素，也是必不可少的一个因素，从城市规划的角度划分，纳入规划体系的城市土地包含两部分，一部分是正在利用中的城市土地，一部分是待利用的土地。对正在利用中的城市土地而言，其自然、社会经济属性相对稳定，并在特定的时期，形成了相对稳定的土地资源价格。对城市规划范围内还未利用的土地而言，其自然、社会经济属性正处在形成之中，还未形成相对稳定的土地价格市场，但原有的土地资源价格体系将被打破，取而代之的是置于城市规划体系下的新的土地资源价格体系。一般情况下，城市规划规模是指因城市用地规模扩大而突破原有的城市用地区域产生新的城市用地范围，它主要是界定在一定的城市规划期内，城市土地资源利用的极限。在城市规划范围内新增的城市土地资源，一般多为农用土地和新划分的建设用地，这些土地资源与原城市土地资源相比较，其利用率和利用价值都较低，一旦这些新增的城市土地资源被纳入城市规划范围，虽然在规划短期内土地资源价格上升不明显，但随着城市规划逐步实施，这些新增的土地资源的供需关系将逐步改变，并朝着需求大于供给的方向改变，从而使这些城市土地资源价格出现渐升的趋势。城市规划范围影响城市土地资源价格的机理主要是在规划范围内的土地资源将出现土地用途改变，并将投入更多的人力和社会劳动产品对其进行更新、改造，以达到城市用地条件而实现的土地资源增值。

可持续利用土地资源应该在特定的时期和地区条件下，对土地资源进行合理的开发、使用、治理和保护，并通过一系列的合理利用组织，协调人地关系及人与资源、环境的关系，以期满足当代人与后代人生存发展的需要。土地资源可持续利用在生态上表现主要是土地的质量没有明显的退化，使得土地资源可以持续地保持较高生产力。在经济上土地资源的可持续利用主要表现为土地不断地被合理配置和高效利用，即从一定面积的土地上生产出尽可能多的经济效益，同时要能维持土地的这种高效产出功能。社会上表现为土地利用不仅要满足当代人需要，而且要遵循各代人之间的平等，确保后代人的生存与发展，即土地配置、利用及收益等方面在当代人及代际之间保持公平。

城市土地可持续利用就是通过各种途径和措施实现土地的合理利用和优化配置，使有限的城市土地资源持续地满足城市可持续发展和人们日益增长的需求，使城市土地利用达到经济可持续、社会可持续及生态可持续的最佳状态，促进城市可持续发展和区域土地可持续利用的实现。即在不断提高城市居民生活质量和城市环境承载力的前提下，达到城市土地供需的持续平衡。它不仅指数量上的增减平衡，还包括质量上的供需平衡。可以说，城市可持续发展的实质就是城市土地的可持续利用，城市土地的可持续利用成为现代社会可持续发展和人类文明得以延续的基本要求。城市土地可持续利用系统是一个动态的过程，是人口、资源、经济、环境之间共同作用的系统。

5.3.2　水资源

水资源是城市建设和发展的基础条件和限制因素，应被视为城市规划的重要方面和城市建设的重要内容，而当前的城市规划未对水资源给予应有的重视，特别是水资源的承载能力尚未得到正确的认识，造成某些城市的发展规模与其水资源承载力不相适应和其他各种水问题，反过来为城市的持续发展带来了负面影响。水是生物生存不可缺少的自然资源和环境资源，水资源状况直接影响着经济社会的持续发展。城市污水系统，不仅是城市基础设施的重要组成部分，而且作为城市水循环的重要环节，对城市及相关流域范围的水环境、水资源影响重大。因此无论在城市的规划中，还是在城市建设发展中都不可以忽视水资源的影响。

5.3.3　能量资源

能量资源指能量的来源或源泉，即指人类取得能量的来源，包括已经开发可供直接使用的自然资源和经过加工或转换的能量来源，而尚未开发的自然资源称为能量资源；能源形式多样，按获得方法分为一次能源和二次能源，自然界中存在的称为一次能源，如煤、石油、水能等，由一次能源转换成的称为二次能源，如电能、煤气、汽油等。按被利用的程度分为常规能源和新能源，被人们广泛利用的能源称为常规能源，如煤、石油、水能等，用先进的技术加以利用以及用新技术开发的能源称为新能源，如太阳能、风能、地热能等；按可否再生分为可再生能源和非可再生能源，自然界中可以不断再生并有规律地得到补充的能源称为可再生能源，如水能、风能、太阳能等，随人类的利用而越来越少的、总有枯竭之时的能源称为非可再生能源，如煤、石油、天然气等。

规划作为引导城市经济社会发展的综合性科学，是引导城市发展、调控调整公共资源，协调各方面利益的政府调控手段，在协调城市能源方面发挥着先导作用。

能量资源的管理在现今应结合新兴的数据管理技术，以物联网科技打造智能、节能的解决方案，通过科学技术、产品设备应用、系统配套服务等技术支持达到高效利用，协助城市迈向能源永续。

我国新型智慧城市已经进入以人为本、统筹集约、成效导向、协同创新的新发展阶段。在数据驱动理念下，城市大数据平台日益成为新型智慧城市的核心组成平台，而城市能源信息平台是城市大数据平台的重要组成部分。未来，随着运营机制的完善，城市能源信息平台的普及建设将加大对能量资源的高效利用，将更加有力地促进城市能源清洁低碳、安全高效利用，推动城市智慧发展。

5.4 城市的社会经济资源

5.4.1 信息资源

信息技术的爆炸式发展，政府、企业、社会信息化应用的过热式需求，使信息资源从技术应用变成了无处不在的重要经济资源。信息资源牵动着经济增长、体制改革、社会变迁和发展，信息资源管理技术也从单一走向综合。

信息资源是指人类社会信息活动中积累起来的以信息为核心的各类信息活动要素（信息技术、设备、设施、信息生产者等）的集合。

信息资源是企业生产及管理过程中所涉及的一切文件、资料、图表和数据等信息的总称。它涉及企业生产和经营活动过程中所产生、获取、处理、存储、传输和使用的一切信息资源，贯穿于企业管理的全过程。信息同能源、材料并列为当今世界三大资源。信息资源广泛存在于经济、社会各个领域和部门，是各种事物形态、内在规律、与其他事物联系等各种条件、关系的反映。随着社会的不断发展，信息资源对国家和民族的发展，对人们工作、生活至关重要，成为国民经济和社会发展的重要战略资源。它的开发和利用是整个信息化体系的核心内容。

只要事物之间有相互联系和相互作用的存在，就有信息发生。人类社会的一切活动都离不开信息，信息早就存在于客观世界，只不过人们首先认识了物质，然后认识了能量，最后才认识了信息。信息具有使用价值，能够满足人们的特殊需要，可以为社会服务。

作为资源，物质资源为人们提供了各种各样的材料；能量资源为人们提供各种各样的动力；信息资源为人们提供各种各样的知识。

信息是普遍存在的，但并非所有的信息都是资源。只有满足一定条件的信息才能构成资源。对于信息资源，有狭义和广义之分：

狭义的信息资源，指的是信息本身或信息内容，即经过加工处理，对决策有用的数据。开发利用信息资源的目的就是为了充分发挥信息的效用，实现信息的价值。

广义的信息资源，指的是信息活动中各种要素的总称。"要素"包括信息、信息技术以及相应的设备、资金和人等。

狭义的观点突出了信息是信息资源的核心要素，但忽略了"系统"。事实上，如果只有核心要素，而没有"支持"部分（技术、设备等），就不能进行有机的配置，不能发挥信息作为资源的最大效用。

归纳起来，可以认为，信息资源由信息生产者、信息、信息技术三大要素组成。

（1）信息生产者是为了某种目的的生产信息的劳动者，包括原始信息生产者、信息加工者或信息再生产者。

（2）信息既是信息生产的原料，也是产品。它是信息生产者的劳动成果，对社会各种活动直接产生效用，是信息资源的目标要素。

（3）信息技术是能够延长或扩展人的信息能力的各种技术的总称，是对声音、图像、文字等数据和各种传感信号的信息进行收集、加工、存储、传递和利用的技术。信息技术作为生产工具，对信息收集、加工、存储和传递提供支持与保障。

信息资源是无限的、可再生的、可共享的，开发利用信息资源会大大减少材料和能源的消耗，减少污染。通过大力推动信息资源开发利用，并且以需求牵引，与信息化应用相结合和注重实效，可以提高整个城市的可持续发展。

5.4.2 信息基础设施资源

基础设施，它涵盖了交通运输、电力、通信、水利及市政基础设施，是为社会发展和人民生活提供基础公共服务的公共设施，它不以盈利为目的，具有准公共物品性。而且基础设施建设具有乘数效应，能带来数倍于支出的收入，即社会总需求的增长和国民收入的增加。

新型智慧城市的基础设施体系，应该通过构建统一的网络、计算、存储、物联感知等资源服务体系和标准规范体系，并按照统一的标准规范和网络安全体系，来推动数据共享和业务协同，实现城域网络安全态势感知、监测预警、应急处置、灾难恢复一体化。

1. 传感器

《传感器通用术语》GB/T 7665—2005对传感器的定义是："能感受被测量并按照一定的规律转换成可用输出信号的器件或装置，通常由敏感元件和转换元件组成"。传感器的存在和发展，让物体有了触觉、味觉和嗅觉等感官，让物体慢慢变得活了起来。"传感器"在新韦式大词典中定义为："从一个系统接受功率，通常以另一种形式将功率送到第二个系统中的器件。"

智慧城市的基本要求是城市中物物相连，所以每一个需要识别和管理的物体上，都需要安装与之对应的传感器。传感器作为智慧城市的"桥梁"，传感器的发展对智慧城市的建设具有决定性的作用，传感器在智慧城市的建设体现在以下几个方面。

在信息共享建设方面，传感器通过推动信息的共享，打破领域的壁垒，实现资源利用最大化。它通过感知整个城市的信息，进行大数据录入，从而将城市的能源、交通和水务等基础设施单元或环节进行集成管理。

由传感器构成的传感网络可以为智慧交通系统的信息采集提供有效手段，检测各个路口方向的车辆，并根据检测结果，改进简化、改进信号控制并提高交通效率，真正解决困扰城市交通的安全、通畅等问题。

传感器可以直接通过控制系统让城市变得更智能。比如说智慧交通中使用的信号灯，可以根据检测到的各项数据进行调控，让交通变得更加有序。城市热力管线阀门在察觉到异常后可以直接关闭，草地边的湿地传感器通过感知地面湿度来确定何时可以浇水，正是通过这些点点滴滴更智能化的控制，让整个城市也变得更加智能化。

传感器作为智慧城市的关键，是未来国际制造业竞争的又一个主战场。为了促进传感器产业的发展，我国也制定了一系列的战略与政策。我国先后发布的《智能传感器产业三年行动指南（2017—2019年）》和《中国制造2025》等都把传感器产业发展放到了重要的位置。在政策的带动下，我国的传感器市场也会不断的增长。中国有不少学校、研究机构以及企业参与到智能传感器的研发、设计制造、应用等重要环节中，已形成了较为完整的传感器产业链。

随着城镇化进程的推进，人员的众多和资源的不对等将会成为一个重要的问题。而传感器则可以很好地解决这一难题，无论是在大数据处理方面还是智能化管理等方面，都会发挥着重要的作用。在未来，传感器对于智慧城市的建设还会有无限多的可能性。

2. 智慧治理中心

城市智慧治理中心可以联通政府内各部门和各街道信息系统，并通过与运营商合作获取运营商部分数据能力，利用多样化途径汇聚大量可共享可开放的各类政府政务数据、企业、社会数据和有价值的互联网数据，加强数据清洗、录入、归类、叠加，成为这些数据的总枢纽、指挥决策的主支撑、创新创业的大平台，为科学决策提供精准的数据支撑。

通过对这些数据信息进行融合分析，来提升城市的感知、监控预警、应急响应、科学决策能力，助力拓展城市精细化管理。同时，引导企业应用智慧治理中心可开放的数据资源和算法服务，降低企业创新创业成本，加快创新成果转化，助力云计算、大数据、人工智能等新经济产业在城市汇聚和发展。通过充分发挥互联网和政务的思维，结合城市发展的当前实际情况，推动城市的政务资源整合共享。

智慧治理中心是服务中心、城市治理中心和应急中心。智慧治理中心可以把分散的、独立的政务信息系统整合为互联互通、信息共享的"大系统"，迁移上云，提升"城市大脑"全域感知能力，满足"城市大脑"开展现场处置指挥调度等需要。

智慧治理中心可以提供良好的应用支撑服务，通过标准化、接口化、可视化、算法模型等方式建立相关工具模块为应用提供底层支撑，进一步优化完善平台生态系统。

智慧治理中心内设的电子政务项目审批系统，可以基于前期目录梳理的成果以及智慧治理中心沉淀的各部门项目的信息，启动建设具有审批、查重和存档等功能的电子政务项目审批系统。

智慧治理中心内的平台以及平台生态系统的建设，可以主动对接政府内部的部门，选定专题方向，鼓励协调相关部门基于智慧治理中心探索建设超级应用。同时，根据智慧治理中心的运营经验和专业安全机构的建议意见不断完善优化安全保障体系和标准规范。

通过建立智慧治理中心，可以汇聚国际国内行业专家智慧，并按照政府管理职能要求，优化完善其系统架构、专题板块建设等规划方案，建立全市统一数据标准，持续稳步推进乡镇（街道）、社区的建设。

3. 智慧运营指挥中心

智慧城市运营中心是城市管理的"神经中枢"，是智慧城市建设成果和价值的集中体现，从2000年开始到2007年，随着信息技术的不断发展，城市运行管理进入了数字化的时代，一些国家的部分城市开始搭建平台、开发系统，对城市的交通、医疗、安全、教育等方面进行数字化的管理，这些平台、系统的发展为智慧城市运营中心的产生及应用奠定了基础。之后，IBM于2008年提出了"智慧地球"的理念，而后提出的智慧城市建设的概念为智慧城市的普及奠定了基础，从2008年到2010年，可以说是智慧城市运营中心的形成阶段。从2011年开始，随着信息通信技术的发展，特别是数字化技术的集成，为全面提升城市运行管理质量和水平及智慧运营中心的发展提供了强有力的技术支撑。2020年新冠肺炎疫情影响下，新一代信息技术在疫情防控中发挥着重大作用，越来越多的城市开始认识到建设智慧城市运营中心的必要性和紧迫性，智慧城市运营中心建设迎来"风口期"，开始"遍地开花"。

智慧运营指挥中心是城市管理的大脑，是基于城市生命体理念，由中枢、系统与平台、数字驾驶舱和应用场景等要素组成，以系统科学为指引，将散落在城市各个角落的数据，包括政务数据、企业数据、社会数据、互联网数据等汇聚起来，运用云计算、大数据、区块链、人工智能等前沿新技术为基础和支撑构建的平台型人工智能中枢。通过对城市进行全域的即时分析、指挥、调动、管理，从而实现对城市的精准分析、整体研判、协同指挥，帮助管理城市，是推动全面、全程、全域实现城市治理体系和治理能力现代化的数字系统和新型智慧城市的基础设施。

城市运营指挥中心是"新型智慧城市"建设的重要任务之一，城市运营指挥中心的作用与政府各业务部门自行建设的数据中心和监控中心不同，它可以为政府提供一个集决策指挥、运行感知、信息资源统筹协调的综合应用空间，它的建设是采用各类先进成熟的大数据、网络技术，搭建展示交互平台，具备超高分辨率的图形展示能力、多源数据接入能力以及设备控制能力，实现一体化的城市日常运行管理与城市应急响应的综合处理、分析、研判并协调调度，全方位智慧化地管理运营城市，成为城市"智慧的大脑"和"智慧应用的策源地"。

作为整个智慧城市运营指挥的核心监测和控制中心，城市运营指挥中心是智慧城市规划体系下的智慧大脑和信息枢纽。

城市运营指挥中心依托政府各部门信息资源，统筹互联网、政务专网等各类网络环境中的信息资源，汇集智慧政务、智慧经济、智慧交通、智慧工业、智慧民生、智慧教育、智慧医疗、智慧环保等信息；依托大数据、云计算、"互联网+"等技术，通过数据分析和挖掘，构建完整的模型体系，对城市的运行状态进行监测、分析、预警和指挥控制，便于政府部门高效率、精确化、科学化决策。

近年来，我国大部分城市陆续提出了有关智慧城市建设的发展规划，许多城市已完成了多个重点智慧城市项目，产生和采集了大量信息类的资源。但现今城市信息资源缺乏统筹规划，软硬件平台分散、重复建设、资源浪费等问题凸显，各部门间信息不通形成了信息孤岛，跨部门数据无法融合。

在上述问题的基础上，新型智慧城市运营指挥中心应运而生。通过建设城市运营指挥中心，利用各部门各行业已有的软硬件基础条件，通过数据汇集整理、共享交换和分析挖掘，以追求城市数据价值的最大化利用，为城市管理者提供更可靠、及时的数据支撑。通过城市运营指挥中心建设，打造城市的智慧大脑，进一步提升原有智慧城市建设成果，是未来新型智慧城市建设的新方向。

城市运营指挥中心正是城市数据的中心站，是城市运营管理的"中枢神经"和"智慧大脑"，推动了从"智慧城市"过渡到"新型智慧城市"。随着大数据和AI等新技术的到来，城市运营指挥中心不仅可以利用"互联网+"、物联网技术对线下进行实时管控，更能通过大数据的预测性，全面提升政府信息化水平，实现城市长治久安的愿景。

智慧城市运营中心是城镇化发展的要求，也是信息时代发展的趋势，更是城市管理模式的创新实践。未来，国内外将有越来越多的城市开始建设智慧城市运营中心，通过智慧城市运营中心的应用，整合城市管理要素和资源，辅助管理者全面感知城市运行态势，切实提升城市管理的精细化程度和决策效力。

5.4.3　人力与人才资源

人力资源以人口为自然基础，指的是人口中已经成年并具备正常劳动能力的人，由一定数量的、具有劳动技能的劳动人口组成。人力资源质与量主要包括两方面，一个是劳动者的数量，另外一个是劳动者的素质。一定数量的人力资源是社会生产的首要必备条件，但是经济的发展取决于人口基本素质的提高，人力资源到人才资源在未来城市建设积极发展中将起到越来越重要的作用。

智慧城市的人才资源具有内在素质的优越性、劳动过程的创新性和劳动成果的创造性、贡献超常性、资源的稀缺性、不可替代性及时代性和群众性等。

人力与人才资源既是投资的结果，同时又能创造财富，或者说，它既是生产者，又是消费者。人力与人才资源的投资主体有国家、个人、社会组织、家庭及其他社会成员。用于对教育的投资、对卫生健康的投资和对人力与人才资源迁移的投资，构成人力资源的直接成本（投资）的一部分；另外，人力资源由于投入大量的时间用于接受教育以提高知识和技能，而失去了许多就业机会和收入，这构成了人力资源的间接成本（即机会成本）。从生产与消费的角度来看，一方面，人力与人才资源投资是一种消费行为，并且这种消费行为是必须的，是先于人力资源收益的，没有这种先前的投资，就不可能有后期的收益；另一方面，人力与人才资源与一般资本资源一样遵从投入产出的规律，并具有高增值性。对人力与人才资源的投资，无论是对社会还是对个人所带来的收益要远远大于对其他资源投资所产生的收益。

5.4.4　政策资源

从国家开始推行智慧城市建设以来，住房城乡建设部发布了三批智慧城市试点名单，目前总共290个试点城市，这些城市集中在中东部地区，尤其以华东分布最为集中。另外，根据各级地方政府建设规划和"十三五"规划的补充，截至2019年，我国超过700个城市正在规划和建设智慧城市（含县级市）。随着我国陆续开展和推广智慧城市试点工作，智慧城市相关的政策红利不断释放，同时吸引了大量社会资本加速投入。

政策扶持对于智慧城市建设推进的意义重大：中国城镇化"政府主导"的因素大于"市场演变"的因素，政策在城市规划中起到决定性作用。2010年开始，国家及地方"十二五"发展规划陆续出台，许多城市把建设智慧城市作为未来发展重点。

2012年，《关于国家智慧城市试点暂行管理办法》的出台拉开了我国智慧城市建设的序幕。2014年，智慧城市长期规划、指导意见陆续出台。2016年开始，国家与各省市"十三五"规划的出炉，把智慧城市建设作为未来城市发展的重心，同时政策文件分别从总体架构到具体应用等角度分别对智慧城市建设提出了鼓励措施，一系列政策的颁布实施明确了我国智慧城市建设方向与目标。

从国家层面来看，"十三五"时期以来，我国智慧城市政策密集发布，主要推进电子政务、智慧交通、大数据与云计算的发展，同时不断推进智慧城市评价指标体系的完善（表5-1）。

截至2020年全国智慧城市主要政策梳理　　　　表5-1

政策名称	主要内容要点
《2019年新型城镇化建设重点任务》	引导大城市产业高端化发展，发挥在产业选择和人才引进上的优势，提升经济密度、强化创新驱动、做优产业集群，形成以高端制造业、生产性服务业为主的产业结构
《智慧城市时空大数据平台建设技术大纲（2019版）》	目标是在数字城市地理空间框架的基础上，依托城市云支撑环境，实现向智慧城市时空大数据平台的提升，开发智慧专题应用系统，为智慧城市时空大数据平台的全面应用积累经验
	建设智慧城市时空大数据平台试点，指导开展时空大数据平台构建；鼓励其在国土空间规划、市政建设与管理、自然资源开发利用、生态文明建设以及公众服务中的智能化应用，促进城市科学、高效、可持续发展
《智慧城市 信息技术运营指南》等6项国家标准	为智慧城市信息化建设提供理论基础和技术支撑，有助于实现数据资源的标准化，有利于梳理智慧城市物联网系统建设的关键功能要素，并对系统建设进行总体指导，提升智慧城市信息化建设水平和建设质量

政策名称	主要内容要点
《国家健康医疗大数据标准、安全和服务管理办法（试行）》	加强健康医疗大数据的标准管理、安全管理和服务管理，推动健康医疗大数据惠民应用，促进健康医疗大数据产业发展
《智慧城市 顶层设计指南》	给出了智慧城市顶层设计的总体原则，基本过程，以及需求分析、总体设计、架构设计、实施路径规划的具体建议
《关于加快推进新一代国家交通控制网和智慧公路试点的通知》	决定在北京、河北、吉林、江苏、浙江、福建、江西、河南、广东九省市加快推进新一代国家交通控制网和智慧公路试点。试点主题重点包括基础设施数字化、路运一体化车路协同、北斗高精度定位综合应用、基于大数据的路网综合管理、"互联网+"路网综合服务、新一代国家交通控制网六个方向
《北斗卫星导航系统交通运输行业应用专项规划（公开版）》	从基础设施建设、完善应用发展环境、拓展行业应用领域、积极鼓励应用创新、推进军民融合应用、开展应用示范工程六个方面提出主要任务
《关于开展国家电子政务综合试点的通知》	各试点地区电子政务统筹能力显著增强，基础设施集约化水平明显提高，政务信息资源基本实现按需有序共享，政务服务便捷化水平大幅提升，探索出一套符合本地实际的电子政务发展模式，形成一批可借鉴的电子政务发展成果，为统筹推进国家电子政务发展积累经验
《智慧城市时空大数据与云平台建设技术大纲（2017版）》	指导各地加快推进智慧城市时空大数据与云平台试点建设、加强与其他部门智慧城市工作的衔接、全面支撑智慧城市建设
《智慧交通让出行更便携行动方案（2017—2020年）》	2020年基本实现全国范围内旅客联程运输服务，推动道路客运电子客票体系应用；实现道路客运联网售票二级及以上客运站覆盖率90%以上；完成京津冀道路客运信息联网服务工程主体建设，向社会正式推出京津冀区域道路客运联网售票服务等
《新一代人工智能发展规划》	构建城市智能化基础设施，发展智能建筑，推动地下管廊等市政基础设施智能化改造升级；建设城市大数据平台，构建多元异构数据融合的城市运行管理体系，实现对城市基础设施和城市绿地、湿地等重要生态要素的全面感知以及对城市复杂系统运行的深度认知；研发构建社区公共服务信息系统，促进社区服务系统与居民智能家庭系统协同；推进城市规划、建设、管理、运营全生命周期智能化

续表

政策名称	主要内容要点
《"互联网+政务服务"技术体系建设指南》	利用大数据实现智慧治理；创新应用云计算、大数据、移动互联网等新技术，分级分类推进新型智慧城市建设。对政务服务办理过程和结果进行大数据分析，创新办事质量控制和服务效果评估，大幅提高政务服务的在线化、个性化、智能化水平
《推进智慧交通发展行动计划（2017—2020年）》	交通运输部将选择重点物流园区、客运枢纽、港口开展智能化示范应用，完善道路运输行政许可"一站式"服务，推进许可证件（书）数字化，实现跨部门、跨区域政务信息共享
《"十三五"国家信息化规划》	到2018年，分级分类建设100个新型示范性智慧城市；到2020年，新型智慧城市建设取得显著成效，形成无处不在的惠民服务、透明高效的在线政府、融合创新的信息经济、精准精细的城市治理、安全可靠的运行体系
《关于组织开展新型智慧城市评价工作务实推动新型智慧城市健康快速发展的通知》	一是以评价工作为指引，明确新型智慧城市工作方向；二是以评价工作为手段，提升城市便民惠民水平；三是以评价工作为抓手，促进新型智慧城市经验共享和推广
《新型智慧城市评价指标（2016）》	包括客观指标、主观指标、自选指标三部分
《关于进一步加强城市规划建设管理工作的若干意见》	到2020年，建成一批特色鲜明的智慧城市，通过智慧城市建设和其他一系列城市规划建设管理措施，不断提高城市运行效率
《关于开展智慧城市标准体系和评价指标体系建设及应用实施的指导意见》	到2020年累计共完成50项左右的智慧城市领域标准制订工作，同步推进现有智慧城市相关技术和应用标准的制修订工作。智慧城市标准化制定工作正式提上国家日程
《关于促进智慧城市健康发展的指导意见》	到2020年建成一批特色鲜明的智慧城市，主要目标包括城市管理精细化、生活环境宜居化和基础设施智能化等五个方面
《国家新型城镇化规划（2014—2020年）》	提出要继续推进创新城市、智慧城市、低碳城镇试点
《关于印发2014中国旅游主题年宣传主题及宣传口号的通知》	鼓励各地结合旅游业发展方向，以智慧旅游为主题，引导智慧旅游城市、景区等旅游目的地建设，尤其要在智慧服务、智慧管理和智慧营销三方面加强旅游资源和产品的开发和整合

续表

政策名称	主要内容要点
《关于促进信息消费扩大内需的若干意见》	提出要加快智慧城市建设，并提出在有条件的城市开展智慧城市试点示范建设。未来，在促进公共信息资源共享和开发利用、实施"信息惠民"工程的同时，要加快智慧城市的建设，鼓励各类市场主体共同参与智慧城市建设
《国家智慧城市试点暂行管理办法》	指导国家智慧城市试点申报和实施管理
国家智慧城市（区、镇）试点指标体系（试行）	列明区/镇智慧城市试点的指标体系

资料来源：前瞻产业研究院整理。

    2015年年底，中央网信办、国家互联网信息办提出了"新型智慧城市"概念。自此，深圳、广东、上海、北京等地都相继开始建设"新型智慧城市"项目。以陕西、河北、山东、江苏等为代表的多个省市出台了智慧城市发展的顶层政策，衔接上级部门，指导地方城市，逐步形成部门协同、上下联动、层级衔接的新型智慧城市发展新格局。

    2018年9月，陕西出台《关于加快推进全省新型智慧城市建设的指导意见》，提出到2021年，各市（区）全面建成统一的数据资源网和数据资源池，网络互联互通率达到95%以上，汇聚政务数据80%以上、城市数据90%以上；建成"六个一"基础工程，打通服务群众"最后一公里"；全省新型智慧城市建设水平达到全国前列，其中2—3个城市达到全国先进水平。

    2019年2月，河北省出台《关于加快推进新型智慧城市建设的指导意见》，提出到2020年，通过3个市主城区和10个县城开展新型智慧城市建设试点，探索出符合河北省情的市、县级智慧城市发展路径。到2025年，智慧城市与数字乡村融合发展，覆盖城乡的智慧社会初步形成。

    2019年9月，山东省印发《山东省新型智慧城市试点示范建设工作方案》，围绕基础设施、数字惠民、数字政务、数字经济、保障措施、地方特色等分类，提出了划分不同发展层级的新型智慧城市试点示范建设标准，并提出力争将智慧城市打造成数字中国建设领域代表山东的一张名片。

    各省、自治区、直辖市智慧城市政策汇总见表5-2。

截至2020年31个省、自治区、直辖市智慧城市政策汇总　　　表5-2

31省区市	时间	政策名称	主要内容
北京	2020年2月	《北京市关于促进北斗技术创新和产业发展的实施方案（2020年—2022年）》	提升"高精度+室内外"定位服务能力；发挥"服务+数据"公共平台价值；应用物联网+北斗，5G+北斗等。实施七大应用示范工程，打造智慧城市标杆；在市政管网领域，深度推广"北燃经验"。重点利用北斗实时快速的精准时间和空间位置获取技术，结合物联网、大数据、AR/VR等技术，依托建设的基于北斗的市政物联网平台，实现市政管线（水、电、气、热等）基础信息获取、动态更新等
	2016年12月	《北京市"十三五"时期信息化发展规划》	到2020年，信息化成为全市经济社会各领域融合创新、升级发展的新引擎和小康社会建设的助推器，北京成为互联网创新中心、信息化工业化融合创新中心、大数据综合试验区和智慧城市建设示范区。北京城市副中心成为高标准智慧城市示范区
	2018年3月	《大兴区新型智慧城市总体规划》	到2020年，实现全程全时便捷多元的公共服务体验之城，建立平战结合精细共治的城市治理之城，打造绿色低碳环保的高品质宜居之城，形成智慧引领的高端制造与产业服务之城，建成绿色集约安全智能的感知之城
	2018年4月	《大兴区推进新型智慧城市建设行动计划（2018—2020年）》	构建符合大兴区建设特色的"1云+2平台+N应用"的新型智慧城市总体框架
天津	2018年1月	《天津市智慧城市专项行动计划》	到2020年，进一步提升本市智能化水平，深化信息技术在城市治理、民生服务、智慧经济、信息安全等领域创新发展与应用，初步建成"智能、融合、惠民、安全"的"智慧天津"。到2025年，基本完成"智慧天津"建设，全面实现智慧生活便利化、智慧经济高端化、智慧政务高效化、智慧治理精细化，城市信息化整体水平迈入世界先进行列，成为国内领先、世界一流的智慧城市建设标杆
	2016年11月	《天津市智慧城市建设"十三五"规划》	到2020年，初步建成"智能、融合、惠民、安全"的"智慧天津"，打造面向未来的智慧城市，为实现中央对天津定位、全面建成高质量小康社会提供强力支撑

31省区市	时间	政策名称	主要内容
天津	2015年6月	《天津市推进智慧城市建设行动计划（2015—2017年）》	到2017年，全面提升基础设施智能化水平，深化新一代信息技术创新应用，公共服务、城市管理、智慧经济、信息安全四个体系取得明显成效，基本构建起"智慧天津"的总体框架，城市信息化整体水平继续保持全国前列，智慧城市建设成为实现中央对天津城市定位和京津冀区域功能定位的强力支撑
河北	2020年3月	《河北省第一批新型智慧城市建设试点工作方案》	第一批拟试点建设3个左右的市、10个左右的县（市、区）
	2019年2月	《关于加快推进新型智慧城市建设的指导意见》	到2020年，通过3个市主城区和10个县城开展新型智慧城市建设试点，探索出符合河北省情的市、县级智慧城市发展路径。 到2025年，智慧城市与数字乡村融合发展，覆盖城乡的智慧社会初步形成
山西	暂时缺少省级纲领性文件，大同市出台了《大同市智慧城市促进条例》		
内蒙古	暂时缺少纲领性文件		
辽宁	暂时缺少省级纲领性文件，沈阳市出台了《沈阳市智慧城市总体规划（2016—2020年）》		
吉林	2015年6月	《关于印发吉林省促进智慧城市健康发展的实施意见的通知》	到2020年，智慧城市建设取得显著成效，覆盖全省的智慧城市支撑体系初步形成，智慧应用快速拓展，全省一卡通、食品安全溯源、医保结算等惠及民生
黑龙江	2019年6月	《"数字龙江"发展规划（2019—2025年）》	到2025年，"数字龙江"初步建成，信息基础设施和数据资源体系进一步完备，数字经济成为经济发展新增长极，数字政府运行效能显著优化，社会治理智能化发展水平大幅提升，数字服务红利普惠全民，网络安全防范能力显著增强，经济社会数字创新活力和区域竞争力大幅提升，有力支撑黑龙江经济社会发展全面实现质量变革、效率变革和动力变革

续表

31省区市	时间	政策名称	主要内容
上海	2020年2月	《关于进一步加快智慧城市建设的若干意见》	强化规划引导。优化全市大网络大系统大平台建设机制，统筹各区、各领域信息化规划编制。推动网络连接增速。推动5G先导、4G优化，打造"双千兆宽带城市"。率先部署北斗时空网络，深化IPv6应用。推进信息基础设施与城市公共设施功能集成、建设集约
	2018年6月	支持智慧城市建设和大数据发展	2018年6月，为支持本市信息化发展，改善信息化发展环境，上海市经济信息化委、市财政局联合开展了2018年上海市信息化发展专项资金项目的评审工作，本批次合计拟支持金额7653.7万元
	2016年9月	《上海市推进智慧城市建设"十三五"规划》	到2020年，上海信息化整体水平继续保持国内领先，部分领域达到国际先进水平，以便捷化的智慧生活、高端化的智慧经济、精细化的智慧治理、协同化的智慧政务为重点，以新一代信息基础设施、信息资源开发利用、信息技术产业、网络安全保障为支撑的智慧城市体系框架进一步完善，初步建成以泛在化、融合化、智敏化为特征的智慧城市
江苏	2018年9月	《智慧江苏建设三年行动计划（2018—2020年）》	大力推进网络强省、数据强省、智造强省建设，高水平建设智慧江苏。突出"互联网+政务""互联网+民生""互联网+先进制造业"，实施"12345"行动计划，即构建一个创新发展服务体系，实施大数据应用推广和云服务提升两大计划，打造智慧江苏门户、政务服务、民生服务三类云平台群，围绕超前布局信息基础设施、深入推进智慧城市建设、加速普及智慧民生应用、加快发展数字经济等四个重点方向，实施基础设施提档升级、政务服务能力优化、智慧城市治理创新、民生服务便捷普惠、数字经济融合发展等五方面工程
	2017年2月	《"十三五"智慧江苏建设发展规划》	从八个方面提出智慧江苏发展的路径和目标：宽带江苏，超前布局下一代网络；大力发展"新兴智慧产业"；大力发展"智能制造"；推进"互联网+"；促进"智慧民生"；打造"智慧政务"；构建"智慧城市群"；加快建设"网络强省"

31省区市	时间	政策名称	主要内容
江苏	2014年9月	《省政府关于推进智慧江苏建设的实施意见》	到2016年，全省信息基础设施建设水平国内领先，重点领域综合信息平台全面建成，网络与信息安全防护能力明显增强，传统产业结构调整步伐加快，新兴产业发展空间进一步拓展，城镇化发展质量和综合竞争优势明显提高，建成智慧产业更加集聚、基础设施更加智能、政府运行更加高效、社会管理更加精细、公共服务更加便捷、生态环境更加宜居、网络安全更加长效的智慧化发展体系，力争成为全国有影响力的智慧基础设施先行区、产业转型升级拓展区、智慧政务运行高效区、智慧服务业态创新区、新兴智慧产业集聚区
浙江	2015年5月	《浙江省智慧城市标准化建设五年行动计划（2015年—2019年）》	到2019年年底，基本形成智慧交通、智慧电网、智慧物流、智慧健康等智慧城市应用领域标准体系；国家标准、行业标准或地方标准制修订50个以上；建立以智慧城市国家级标准示范项目或省级标准示范项目5个以上
安徽	2017年2月	《安徽省智慧城市建设指南》	从智慧城市的基本概念、组成体系、关键技术等入手，系统阐述了智慧城市建设的顶层设计方法论，提出了重点建设领域，对智慧城市建设运营模式和投融资策略等进行了分析探讨
福建	2014年5月	《关于数字福建智慧城市建设的指导意见》	到2020年，全省智慧化应用体系建成，实现信息化条件下新政务、新经济、新生活、新城市，全省成为两岸电商合作重要基地、区域国际化智能物流中心、国际信息通信枢纽
江西	2015年8月	《关于推进江西省智慧城市建设的指导意见》	到2016年，全省电子政务公共平台将基本建成，到2018年，主要管理对象和服务事项智慧化应用覆盖率达到50%。到2020年，50%以上社区实现智慧社区标准化建设，建立健全可持续发展社区治理体系和智能化社会服务模式
山东	2019年9月	《山东省新型智慧城市试点示范建设工作方案》	2019年到2021年，面向全省各设区市、县（市、区），分三批开展新型智慧城市试点建设工作，每批建设周期为两年，省级共试点建设10个左右的市、30个左右的县（市、区），打造一批新型智慧城市样板。2022年到2023年，开展新型智慧城市示范推广工作，力争将智慧城市打造成"数字中国"建设领域代表山东的一张名片

续表

31省区市	时间	政策名称	主要内容
河南	2020年6月	《2020年河南省数字经济发展工作方案》	将"新型智慧城市建设"放在首位。创建一批特色鲜明的新型智慧城市示范市；支持各地建设一批智慧社区试点，依托新型智慧城市统一的中枢平台"城市大脑"，创新线上、线下联动服务模式，开展社区网格化管理、智慧生活圈、智慧停车、智能快递柜等智慧应用；围绕解决城市发展的难点、堵点问题，重点在交通、医疗、教育、文旅等领域实施智慧化示范工程，会同省有关部门培育建设一批智慧交通、智慧校园、智慧医院、智慧景区、智慧应急等试点应用场景
	2015年9月	《河南省促进智慧城市健康发展工作方案（2015—2017年）》	从开展信息惠民试点示范、深入实施"宽带中原"战略、加快推进智慧交通应用、推进智慧医院及网络医院建设、加快发展智慧旅游、推进智慧养老应用、大力发展电子商务等方面推出18条措施，加快推进河南智慧城市建设
湖北	2015年8月	《省人民政府关于加快推进智慧湖北建设的意见》	到2017年，全省经济社会各领域互联网化、智慧化水平显著提升，支撑大众创业、万众创新的作用进一步增强，初步建立以"宽带普及、互联互通、信息共享、应用创新、民生普惠、产业转型、安全保障"为主要特征的智慧湖北，力争成为全国有影响力的智慧基础设施先行区、产业转型升级引领区、智慧政务运行高效区、信息经济产业聚集区、智慧城市建设示范区
湖南	2019年6月	《湖南省5G应用创新发展三年行动计划（2019—2021年）》	到2021年，"5G+"行动计划初见成效，在工业互联网、自动驾驶、超高清视频、网络安全、医疗健康、智慧城市、数字乡村、生态环保等重点领域，打造100个以上示范应用场景，形成一批特色鲜明、亮点突出、可复制可推广的行业应用标杆
	2017年3月	《湖南省电子政务"十三五"规划（2016—2020年）》	到2020年，全面建成统一规范的全省电子政务网络和电子政务外网云平台。到"十三五"期末，全省电子政务整体发展水平达到国内先进水平
广东	2015年7月	《广东省促进智慧城市健康发展工作方案（2015—2017年）》	将智慧城市规划纳入全省总体规划部署实施，积极推进国家及全省物联网重大应用示范工程的实施。推进智慧教育、智慧交通、智慧医疗、智慧农业、智能商务、智能环保、智慧旅游、智慧民政、智慧金融、智慧水利、智慧财政等应用

续表

31省区市	时间	政策名称	主要内容
广东	2014年11月	《关于印发推进珠江三角洲地区智慧城市群建设和信息化一体化行动计划（2014—2020年）的通知》	到2017年，基本建成具有世界先进水平的宽带网络基础设施，通过地理空间、物联网、云计算、大数据等新一代信息技术实现区域经济社会各领域智慧应用的协同与对接。到2020年，基本建成具有国际领先水平的宽带网络基础设施，建成珠三角世界级智慧城市群
广西	2019年5月	2019年智慧城市建设第一次现场推进会	全面贯彻落实数字广西建设大会精神和"1+13"系列文件精神，切实推动全区智慧城市建设。大力推进智慧城市基础设施建设，加快推进数字政务一体化平台建设，扎实推进12345热线整合建设工作，推动社会治安立体防控体系建设，加快推进数字广西协同调度指挥中心建设。全力构建智慧城市民生服务体系，大力发展"互联网+医疗健康""互联网+教育""互联网+社会保障""互联网+养老服务"
海南	2018年9月	《海南省新型智慧城市建设工作方案》	努力打造"智能岛、信息岛"思路，大力推进新型智慧城市建设，形成全面覆盖的数字化社会服务体系
重庆	即将发布	《重庆市新型智慧城市建设方案2019—2022年》	围绕"智慧城市"做好制度创新、标准创新、应用创新等建设内容，将重庆培育成为西部地区"智慧城市"样本
	2018年8月	《巴南区智慧城市专项规划（2018—2025年）》	推动互联网、大数据、人工智能和实体经济深度融合，以智能化引领产业转型、创新政府管理、服务社会民生，加快培育经济增长新动能
	2015年9月	《重庆市深入推进智慧城市建设总体方案（2015—2020年）》	到2020年，信息基础设施更加完善，3G/4G/WLAN网络覆盖能力进一步加强，智慧城市公共信息平台更加完善，城市传感基础设施更加完备。产业升级、政务应用、公共服务等近30个应用示范工程全面建成并面向全市提供智慧化的信息服务。基本建成新型工业化、信息化、城镇化和农业现代化融合同步发展，智慧化水平和网络信息安全保障能力国内领先的国家中心城市
四川	2020年4月	《新型智慧城市建设2020年度工作方案》	制定完善全省新型智慧城市建设政策文件和标准规范，开展省级新型智慧城市试点示范，为城市基层治理能力建设提供强大的科技支持，推进新一轮新型智慧城市示范引领

续表

31省区市	时间	政策名称	主要内容
贵州	2018年6月	《关于促进大数据云计算人工智能创新发展加快建设数字贵州的意见》	到2020年，信息化驱动现代化能力明显提升，互联网、大数据、云计算、人工智能等新一代信息技术在经济社会各领域广泛应用，经济发展的数字化、网络化、智能化水平，社会治理的精准化、科学化、高效化水平，公共服务的均等化、普惠化、便捷化水平明显提升
	2017年12月	《贵州省加快推进山地特色新型城镇化建设实施方案》	加强智慧城市信息资源开发利用，推动构建山地特色产业体系、智能化基础设施体系、惠民公共服务体系、精细化社会管理体系、宜居生态环境体系，智慧推进新型城镇化发展
	2017年10月	《智能贵州发展规划（2017—2020年）》	对贵州智能制造、智慧能源、智能旅游、智能医疗健康、智能交通服务、智能精准扶贫、智能生态环保等领域发展进行了规划布局
云南	暂时缺少省级纲领性文件，昆明市出台了《关于加快推进智慧城市建设的实施意见（2016—2018年）》		
西藏	暂时缺少纲领性文件		
陕西	2018年9月	《关于加快推进全省新型智慧城市建设的指导意见》	到2021年，各市（区）全面建成统一的数据资源网和数据资源池，网络互联互通率达到95%以上，汇聚政务数据80%以上、城市数据90%以上；建成"六个一"基础工程，打通服务群众"最后一公里"；全省新型智慧城市建设水平达到全国前列，其中2—3个城市达到全国先进水平
甘肃	暂时缺少省级纲领性文件，兰州市出台了《兰州市"十三五"智慧城市发展规划》		
青海	暂时缺少纲领性文件		
宁夏	2017年6月	《关于加快新型智慧城市建设的实施意见》	到2020年，80%以上的各级政府服务事项实现网上办理。城市治理精细精准，城市感知、监控预警和应急响应能力不断提升

31省区市	时间	政策名称	主要内容
新疆	2016年8月	《关于积极推进"互联网+"行动的实施意见》	大力发展以互联网为载体、线上线下互动的新兴消费,加快发展基于互联网的医疗、健康、养老、教育、旅游、社会保障等新兴服务,提高资源利用效率,降低服务消费成本

资料来源: 前瞻产业研究院整理。

    在中央及省级政府的指引之下,各城市依据本地经济和城市建设发展情况,围绕城市发展总体规划,确定智慧城市建设的重点和发展路径,制定出符合当地发展现状的智慧城市建设政策与规划。其中北京、上海、天津、重庆四大直辖市均制定了"十三五"时期智慧城市发展目标,略有不同的是北京市智慧城市目标蕴含在《北京市"十三五"时期信息化发展规划》当中。四大直辖市智慧城市发展规划汇总见表5-3。

四大直辖市智慧城市发展规划汇总   表5-3

城市	政策名称	主要内容
北京	《北京市"十三五"时期信息化发展规划》	到2020年,信息化成为全市经济社会各领域融合创新、升级发展的新引擎和小康社会建设的助推器,北京成为互联网创新中心、信息化工业化融合创新中心、大数据综合试验区和智慧城市建设示范区。北京城市副中心成为高标准智慧城市示范区
上海	《上海市推进智慧城市建设"十三五"规划》	到2020年,上海信息化整体水平继续保持国内领先,部分领域达到国际先进水平,以便捷化的智慧生活、高端化的智慧经济、精细化的智慧治理、协同化的智慧政务为重点,以新一代信息基础设施、信息资源开发利用、信息技术产业、网络安全保障为支撑的智慧城市体系框架进一步完善,初步建成以泛在化、融合化、智敏化为特征的智慧城市
天津	《天津市智慧城市建设"十三五"规划》	到2020年,初步建成"智能、融合、惠民、安全"的"智慧天津",打造面向未来的智慧城市,为实现中央对天津定位、全面建成高质量小康社会提供强力支撑

城市	政策名称	主要内容
重庆	《重庆市深入推进智慧城市建设总体方案（2015—2020年）》	到2020年，信息基础设施更加完善，3G、4G、WLAN网络覆盖能力进一步加强，智慧城市公共信息平台更加完善，城市传感基础设施更加完备，其中，路灯感知覆盖率90%，社会公共区域视频覆盖率95%以上，重要隧道、桥梁等感知覆盖率100%。产业升级、政务应用、公共服务等近30个应用示范工程全面建成并面向全市提供智慧化的信息服务。基本建成新型工业化、信息化、城镇化和农业现代化融合同步发展，智慧化水平和网络信息安全保障能力国内领先的国家中心城市

资料来源：前瞻产业研究院整理。

　　除了四大直辖市，其他各省份的省会城市或经济核心城市也在不断加快智慧城市建设。广州、深圳、南京等城市凭借突出的经济优势，加快信息化应用，以提升电子政务、便民服务，以期成为智慧城市示范城市，达到世界一流水平（表5-4、表5-5）。

截至2020年主要城市智慧城市政策汇总　　　　　　　　　表5-4

城市	时间	政策名称	主要内容
深圳	2018年8月	《智慧城市建设深圳共识》	智慧城市建设上升到战略高度
	2018年7月	《深圳市新型智慧城市建设总体方案》	到2020年，实现"六个一"发展目标，即"一图全面感知、一号走遍深圳、一键可知全局、一体运行联动、一站创新创业、一屏智享生活"，建成国家新型智慧城市标杆市，达到世界一流水平
	2016年11月	《深圳市新型智慧城市建设工作方案（2016—2020年）》	深圳市新型智慧城市建设将在公共服务、社会治理、信息经济、城市环境、基础设施和信息安全等方面着力
广州	2017年1月	《广州市信息化发展第十三个五年发展规划（2016—2020年）》	推动智慧政府建设；建设一体化智慧城管体系；建立全方位智慧交通体系；建立智慧能源体系。加强智慧城市感知和自动监测体系建设，在物流管理、生态环保、交通管理、能源管理、公共安全、医疗卫生、基础设施、智慧家居等领域形成一批物联网综合集成应用的典型解决方案

续表

城市	时间	政策名称	主要内容
杭州	2017年6月	《数字杭州（"新型智慧杭州"一期）发展规划》	推动数据资源成为杭州市经济转型和社会发展的新动能，推动人工智能技术在宏观决策、社会治理、制造、教育、环境保护、交通、商业、健康医疗、网络安全等重要领域开展试点示范工作，利用人工智能创新城市管理，建设新型智慧城市
宁波	2016年11月	《宁波市智慧城市发展"十三五"规划》	到2020年，全面构建起以城市大数据发展为核心，以涵盖城市规划、社会治理、民生服务、文化教育、生态环境等领域的智慧城市综合应用体系为导向，以智慧产业融合创新发展为引擎，以泛在智能安全的城市基础设施体系为支撑的智慧城市发展体系框架
温州	2018年1月	《温州市推进新型智慧城市建设三年行动计划（2018—2020年）》	围绕智慧健康、智慧交通、智慧旅游、智慧教育、智慧社区与养老、智慧人社等领域打造智慧城市
衢州	2018年4月	《衢州市推进新型智慧城市建设行动计划（2018—2020）》	到2020年，衢州市新型智慧城市建设取得显著成效，综合性、平台性、支撑性、保障性智慧城市功能优化提升，"活力（LIVED）新衢州、美丽大花园"智慧发展新模式基本形成
南京	2017年2月	《"十三五"智慧南京发展规划》	到2020年，基本构建起以便捷高效的信息感知和智能应用体系为重点，以宽带泛在的信息基础设施体系、智慧高端的信息技术创新体系、可控可靠的网络安全保障体系为支撑的智慧南京发展新模式。在国内城市治理、引领发展多个领域发挥示范带动作用，成为国家大数据（南京）综合试验区和国家新型智慧城市示范城市
无锡	2018年7月	《无锡市推进新型智慧城市建设三年（2018—2020年）行动计划》	到2020年，基本建成共享开放的大数据应用体系、创新集聚的智慧产业体系、精细敏捷的智慧治理体系、便捷普惠的智慧生活体系、智能泛在的感知网络体系和自主可控的信息安全体系，新型智慧城市建设整体水平保持国内领先，部分领域达到国际先进水平
济南	2018年8月	《济南市新型智慧城市建设行动计划（2018—2020年）》	到2020年年底，基本建成"云、管、端"智慧城市有机生命体，感知、连接、计算、应用四位一体的智慧城市大脑和神经系统协同高效运转，业务数据化、数据智慧化、智慧普惠化基本实现，群众办事"一站通"、公共安全"一网通"、和谐社区"一格通"、爱城市网"一点通"、居民健康"一卡通"、市民出行"一路通"等"6+N"智慧应用专题，形成具有省会特色的新型智慧城市发展模式

续表

城市	时间	政策名称	主要内容
武汉	2012年8月	《武汉智慧城市总体规划》	将智慧城市的总体规划与15个重点领域的规划设计相结合，形成可灵活扩充的智慧城市体系架构
青岛	2016年8月	《青岛市信息化"十三五"发展规划》	到2020年，城市信息化建设先行领域达到国际先进水平，建成全国领军的智慧城市
寿光	2020年4月	《寿光市新型智慧城市试点建设工作实施方案（2020—2021）》	提出了全市新型智慧城市建设的工作思路、工作重点、任务分工和保障措施等内容，将六大方面44项指标全部分解落实到有关部门单位和镇街区，全面开展新型智慧城市创建工作
聊城	2020年3月	《聊城市推进新型智慧城市试点建设2020年工作方案》	主要从完善数据资源体系、夯实数字基础设施、推进数字政府建设、提升数字社会水平、培育壮大数字经济、统筹市县一体化建设六大方面，明确了25项具体工作任务
沈阳	2015年12月	《沈阳市智慧城市总体规划（2016—2020年）》	到2020年，通过智慧城市建设，集成落实各项国家信息化政策，构建以人为本、惠及全民的民生服务新体系，打造精准治理、多方协作的社会治理新模式，培育高端智能、新兴繁荣的产业发展新生态，提升城市的凝聚力、辐射力、带动力，打造国内发展创新智慧城市样板；推动沈阳市由东北地区区域中心城市向国际化中心城市迈进
郑州	2018年8月	《郑州市新型智慧城市建设三年行动计划工作推进方案》	到2020年年底，基本建成高速泛在的信息基础设施体系、无处不在的惠民服务体系、精细精准的城市管理体系、融合创新的信息产业体系、自主可控的网络安全体系，为郑州市提升城市综合竞争能力和软实力提供重要基础和强大支撑，打造成为辐射带动作用明显、综合竞争优势突出的国家新型智慧城市标杆
洛阳	2015年1月	《洛阳智慧城市发展规划（2014—2020年）》	充分借助新一代信息技术发展机遇，建设成为中原经济区极具特色的大数据战略引领中心、智慧政务示范中心、智慧管理创新中心、智慧服务感知中心、智慧经济集聚中心，信息社会发展水平走在中部地区前列
合肥	2016年11月	《智慧合肥建设"十三五"规划纲要》	到2020年，建成宽带、泛在、融合、安全的信息化基础设施，政务、商务、事务等各领域涌现出一批使用广泛的智慧应用，城市管理运营与民生服务质量显著提高，信息领域形成若干全国领先、具有国际竞争力的产业集群，对全省智慧城市建设的示范带动作用显著增强，长三角城市群区域内数据共享和业务协同水平大幅提升，智慧城市建设水平进入全国领先行列

续表

城市	时间	政策名称	主要内容
南宁	2017年7月	《2017年新型智慧城市建设实施方案》	南宁将重点推进建设智慧南宁"一朵云"、推进试点区域免费公众Wi-Fi建设、拓展市民卡应用、实施智慧健康工程等10项工作任务，力争"智慧南宁"建设取得新突破
桂林	2016年9月	《桂林市信息化发展"十三五"规划》	到2020年，桂林信息化水平迈进广西先进行列，智慧城市建设基本建成并且成效显著
昆明	2016年11月	《关于加快推进智慧城市建设的实施意见（2016—2018年）》	通过智慧城市建设，构建以人为本、惠及全民的民生服务新体系，打造精准治理、多方协作的社会治理新模式，形成数据活化、研判智能的政府决策新能力，培育高端集聚、新兴繁荣的产业发展新格局，提升城市的凝聚力、辐射力、带动力，打造国内发展创新型智慧城市样板，推动昆明区域性国际中心城市建设
绵阳	2020年5月	《锦阳市新型智慧城市建设总体方案》	2020—2022年，首批重点建设6大系统工程共29个项目，打造西部领先、全国一流的新型智慧城市
银川	2016年9月	《银川市智慧城市建设促进条例》	推进智慧城市建设，加强历史文化遗产保护，发展智慧产业和文化旅游产业

资料来源：前瞻产业研究院整理。

截至2020年智慧城市建设标准汇总   表5-5

类别	标准编号	标准名称	发布日期	实施日期
国家标准	GB/Z 38649—2020	信息安全技术 智慧城市建设信息安全保障指南	2020/4/28	2020/11/1
	GB/T 38237—2019	智慧城市 建筑及居住区综合服务平台通用技术要求	2019/10/18	2020/5/1
	GB/T 36625.5—2019	智慧城市 数据融合 第5部分：市政基础设施数据元素	2019/8/30	2020/3/1
	GB/T 37971—2019	信息安全技术 智慧城市安全体系框架	2019/8/30	2020/3/1

类别	标准编号	标准名称	发布日期	实施日期
行业标准	YD/T 3533—2019	智慧城市数据开放共享的总体架构	2019/11/11	2020/1/1
	YD/T 3473—2019	智慧城市 敏感信息定义及分类	2019/8/27	2019/10/1

资料来源：前瞻产业研究院整理。

5.4.5　软件资源

在国内智慧城市的智能化软件互操作平台领域，目前软件平台方面的资源主要集中在以下3个方面：

（1）信息基础设施服务软件；

（2）基于网络的城市信息感知和信息收集软件；

（3）城市级信息共享交换和数据开放软件。

基于上述3方面构建的城市软件互操作平台，已成为智慧城市建设主流，迄今发展趋于成熟。国外领先平台软件包括以下三种：

（1）法国泰雷兹集团的Hypervisor"演奏家"平台：采用面向服务的体系结构，自下而上分为服务层、集成层和应用层3层。服务层主要提供用户管理、流程分析和告警管理等服务，且能按需扩展统一服务接口的其他功能服务；集成层主要实现各种类型信息的统一分发，语音、视频和数据可在一个统一框架中流通；表现层主要提供灵活的人机交互界面，用户可以二次开发小插件。

（2）新加坡新电科技有限公司的IntellSURFTM平台：一个敏捷的模块化平台，旨在建立一个更智能化、更健康且更安全的智慧城市应用系统，底层可复用中间件。对下可接入物联网和传感网数据；中间可经过企业服务总线收集和转化传感器探测到的事件，并对其进行处理；对上提供可插拔的功能模块，如视频分析与2D/3D地理数据处理等功能。

（3）微软公司Azure平台：提供从基础设施即服务（IaaS）到平台即服务（PaaS）以

及软件即服务（Saas）多层面的云解决方案。不仅为企业提供更灵活的扩展计算能力，而且可在云端开发多种应用，支撑企业的数字化转型，目前已为国内多个城市电子政务提供稳定可靠的私有云办公环境。

国内也同样拥有众多面向智慧城市的软件平台，这些平台均在我国智慧城市建设过程中发挥了不同程度的作用。然而，目前国内外平台的软件复用、系统集成、技术开发和业务支撑4种能力依旧无法满足城市信息化快速融合发展的需求，面临着知识无法沉淀、软件重复开发、信息被动融合和系统模式难以复制等问题。

5.4.6 硬件资源

智能基础设施是传统的城市公共基础设施与物联网、4G/5G、大数据、云计算、人工智能等新一代信息技术的有机结合，它能够实时地采集自身运行数据和城市运行数据，将数据上传到智慧城市平台，用于构建智慧城市，供"城市大脑"进行智能决策，基础设施的智能化数字化管理，是最终实现智慧城市的必由之路。智慧城市智慧的硬件设施是构造智慧城市的重要基础。不同形式的智能基础设施及其应用场景促进智慧城市发展。比如智慧灯杆，除了传统的照明能力外，还能额外挂载5G基站，提供局部地区的无线覆盖能力，也能通过加装高清摄像头及RSU路侧单元，为车联网提供协同感知能力。

智慧管廊的建设，能高效地配置社会资源，实现了对涉及市民生活的各个要素（水、电、燃气、网络等）的数字化管理。未来高等级的自动驾驶实现，同样依赖于各种智能化基础设施提供互联互通能力，例如十字路口的红绿灯提醒及车速引导，需要各类基础设施协同感知，为车辆提供非视距的感知能力及精准的驾驶建议。智能化基础设施的广泛部署，也将从高精度定位、海量数据处理、协同决策控制等方面增强车辆的自动驾驶能力。可以看到，未来各种应用场景的落地离不开全域部署的智能设施网络，依托其全域感知能力，智能基础设施能够直接改变城市面貌，改善人们的生活，也将支撑智慧城市发展建设的新业态。

5.4.7　城市信息资源

随着城市化、信息化进程的日益加快，城市规划、建设、管理与服务方式亟需变革，运用科学、整体、系统的思想来营造现代化城市已成为时代的必然。这样也为城市规划建设管理工作提出了更高的要求：如何有效地利用已有的城市规划信息资源来提高城市规划的水平，加强城市规划工作效率，满足城市可持续发展、市场经济和建设现代化国际性区域的需要。如何有效地解决这些问题，也就是智慧城市规划要思考的问题。

在城市规划方面，城市规划信息资源主要分为三类：地理信息数据（包括地形数据、地下管线数据、遥感数据、航片数据等），规划办公管理数据（主要是规划办公管理信息系统的数据），规划成果数据（包括总体规划、详细规划、城市设计等）。

在城市应急管理方面，随着智慧城市的建设运行，围绕应急管理的城市信息资源范围不断扩大，主要包括四个方面：城市基础信息、监测检测信息、决策支持信息和职能管理信息。

城市基础信息是城市智慧化运行的信息基础，它包括：地理信息数据、城市部件数据、宏观经济信息、法人机构信息、个人身份信息等。

监测检测信息是对城市运行状态连续、周期或随机性的监测信息，以及对突发事件诱发因素具目的性的监测和检测信息，例如对水文、水质、气象、地质等的监测信息和对食品安全、建筑质量等的检测信息。

决策支持信息是为应急决策提供的知识储备，包括应急管理模型、应急事件仿真模型、事态发展预测算法、应急响应预案、应急管理案例、专家知识等。

职能管理信息为应急管理提供体制机制、法律规范、资源保障等信息，包括组织机构、专家团队、法律条例、避险场所、物资资源等。

不同类型的应急管理主体有着不同的信息需求，在以政府为视角的科层制结构为支撑的应急管理体制中，政府作为主要的管理者、决策者和收集者需要全部危机信息和辅助决策的业务知识；非政府组织作为接收者和反馈者需要灾害信息、物资信息和政府许可信息；企业作为责任者或非责任者分别需要全部危机信息和基础信息、捐赠信息；媒体作为传播者需要全部危机信息；公众需要危机基础信息、救援信息、自救信息、物资信息、危机发展信息和危机应对信息。另一方面，同一类型但不同层级的参与主体也存在不同的信息需求、对信息使用的不同权限，以及使用信息的不同方式。例如处于决策层面的主体需要掌握全局性信息和对未来的预测，要求具有获取法律许可范围内的所有信息的权限，并采取集中观察、统一发布信息的模式；处于执行层面的主体了解面向执行主体的信息和调度资源的信息，要求获取尽可能多和及时的信息资源，以及畅通的信息双向交互能力；处于操作层面的主体需要掌握被操作对象以及与之相关的信息，要求获取权限范围内的信息并有申请权限的通道，移动性和交互性的信息应用必不可少。

此外，突发事件产生、发展、影响的空间尺度和时间尺度也直接关系到城市应急管理所需的信息资源。从空间尺度上看，突发事件产生、发展、影响的位置和范围对基于地理位置的信息数据的内容和精度造成影响。例如发生在城市商业中心的火灾事件，其应急管理除了常规所需地理位置信息以外，还需要建筑物内各功能区静态位置信息、基于室内定位的移动信息、建筑设计模型以及叠加于其上的各种监测告警信息。从时间尺度看，突发事件产生、发展、持续的时间长度和时间节点对数据监测和检测的频率、周期甚至精度造成影响。

新型智慧城市规划在未来要做的，就是以互联网为基础设施，利用丰富的城市信息数据资源，对城市进行全局的即时分析。自然资源的配置主要以市场为主，政府为辅，而信息资源的配置必须以政府为主，市场为辅。只有政府通过把城市的信息数据资源有效调配公共资源，不断完善社会治理，才可以推动城市的可持续发展。未来，在城市发展中城市信息资源将会比土地资源更重要。

5.4.8　数据资源

现今，从快速发展的大数据产业及其他新兴数据产业可以看出，数据资源将比土地资源更具价值，也将成为当今城市最重要的基础资源。数据资源依托快速发展的科学技术，让城市可以被量化。未来，让数据帮助城市做思考、做决策，打造一座能自我调节和人类良性互动的新型智慧城市，城市的数据资源将会变成城市发展的重要战略性资源，而计算能力会成为城市新的发展动力。

对一个城市而言，最大的数据来源便是摄像头提供的视频。根据2017年的统计，中国现有1.7亿个摄像头。这些摄像头实时生成大量数据，它们本应用来更好地调控红绿灯，由此优化道路资源、节约人的时间。但现实情况是，这些数据除了做一些如车牌照识别的特殊情况处理外，绝大部分都被白白流失。摄像头与红绿灯"生长"在同一根电线杆上，却没有产生数据沟通，它们之间的距离也成为世界上"最遥远"的距离。数据不通，则交通不畅，这既浪费了城市的数据资源，也加大了城市运营发展的成本。

数据资源作为未来城市发展不可或缺的资源，数据资源让优化城市其他资源变成可能。2016年10月，杭州跨出了历史性的第一步。在萧山区的一条主路上通过信号灯与交通数据的配合，在已有交通绿波带的基础上，道路车辆通行速度平均提升了5%—11%。这虽然只是一点点的进步，但却是非常激动人心的。

随后，杭州从制定交通政策用的"两个基本数字"着手，重新认识城市的交通问题。第一个数字是机动车保有量，在杭州全市大约是280万辆。另一个是用传统统计方法计算的机动车每天上路数量，是130万—180万辆。而通过对数据进行全面分析后，再对杭州全城的交通情况实时估算，得出了新的结论，杭州在平峰时段上路约20万辆车，在高峰时段约30万辆车。这让杭州市政府第一次发现，城市拥堵的直接原因其实是30万辆车，而不是280万辆。这也彻底改变了我们对城市的基本认识，找到了解决问题的突破口。

数据资源体系是智慧城市信息资源体系中各种数据资源的总集合，集数据的"累积"和"管理"于一身。数据资源体系不断地"汇聚"各式各样的数据，并把它们转化为统一标准的数据"累积"下来，并统一以资源的形式进行信息的管理与组织。可以按照不同的类别或方式对数据资源进行划分，比如按应用领域划分，数据资源可以包括交通、物流、电力、工业监控、公共安全等各行业的数据资源，按业务层次分，又可以划分为微观数据（即各种个体数据）、中观数据、综合数据和宏观数据等。在数据资源体系中，数据资源按不同的服务需要被组织成不同粒度的"数据集"，这些"数据集"既是资源管理单元也是资源服务的信息提供单元。在数据资源体系中，无论是外部获取的原始数据还是在自身体系内产生的新信息，都基于统一资源体系标准进行存储与管理。

在互联网时代，数据资源必定成为城市管理的重要资源和支撑。无论是企业还是政府的管理部门，在掌握拥有管理要素的所有数据以后，就要对数据进行深度挖掘，并分析管理对象动态变化的内在规律，以便为管理的部门各自实现精准化地配置资源，提高管理效率提供有力的决策支撑。在此基础上，要加大政府管理部门信息系统的无缝对接，构筑城市数据交换中心系统，实现多部门数据在后台的互联互通、有机整合与共享，消除信息孤岛，更要优先发展公共服务，如推进电子证照库和统一身份认证系统建设，建立实体政务和虚拟政务相结合的便民服务"一张网"，让数据多流动、群众少跑路。

与此同时，也要大力推进公共数据向社会开放，加快数据共享和分析挖掘，促进个人、企业和社会组织开发利用这些数据，实现数据价值增值，带动信息消费发展是新型智慧城市发展始终如一的理念，通过加大现有政府的数据开放力度，鼓励社会上企业数据应用的技术创新，在多领域、多层面开发实用的、有效的互联网+服务管理技术，全面地提高我国城市管理监控的智能化、智慧化水平。

在数据资源共享开放的同时，政府也要制定和完善有关信息基础设施、电子商务、信息安全、个人信息保护等方面的法律法规，来明确数据信息资源的责任主体和监管主体，有效地保护居民、企业及其他相关主体的合法权益。

通过对数据的应用和分析，可以帮助城市更加合理地安排城市内部的功能分区、人口分布和基础设施布局等。大数据时代下，城市规划、建设与管理中可综合应用的要素增多，在空间流动要素、土地混合应用要素、居民活动空间要素和绿色生态要素等多种要素分析中，能够充分实现智慧城市空间规划、建设的优势。由于在城市规划设计中需要一定的数据支持，因而在大数据时代背景下，规划数据资源获取渠道更加可靠和多样，数据资源的有效利用，对城市空间规划合理性提高以及城市居住人口生活空间丰富化具有重要作用，可以极大地促进城市人口生活的智能化和现代化。

数据资源将逐步成为一个城市智能化建设不可或缺的资源，通过高效有效地应用数据资源才能定量地优化其他资源的使用。而只有城市的每一寸土地、每一度电和每一滴水都能够有效地利用，才能极大降低城市资源的消耗。数据资源高效利用将是未来城市可持续发展的坚实基础。

5.4.9 系统资源

垂直管理系统是我国政府管理中的一大特色，而且在行政体制改革中作为中央对地方进行调控的重要手段有不断被强化的趋势。其行使于比较重要的政府职能部门，主要包括履行经济管理和市场监管职能的部门，具体如海关、工商、税务、烟草、交通、盐业等中央或省级以下机关。垂直管理和分级管理是相对而言的。与垂直管理相对应的是属地化管理，采用这类管理机制的政府职能部门通常实行地方政府和上级部门的"双重领导"。上级主管部门负责管理业务"事权"，地方政府负责管理"人、财、物"，且纳入同级纪检部门和人大监督。

地方政府依靠电子政务开展行政管理，迫切需要垂直部门提供数据支持，获得垂直部门的业务支撑保障。根据《中华人民共和国地方各级人民代表大会和地方各级人民政府组织法》，区（县）政府依法管理本行政区域内的经济、教科文卫体事业、环保、城建和财政、民政、公安、民族事务、司法行政、监察、计划生育等行政工作；保护各类合法财产，维护社会秩序，保障公民的人身权利、民主权利和其他权利等。为了有效履行法定职责，"保一方平安，服务一方百姓"，地方政府也需要全面掌握政府职能部门的信息资源和数据资料，在本级政府属地管理的权限内调用政府职能部门的业务系统，依靠信息化的手段提高地方政府的决策指挥能力和公共服务水平，提升地方政府的基层基础管理能力。虽然垂直管理意味着地方政府和上级政府在事权方面重新划分，但是，政务之间的密切相关性和地方政府的公共管理压力，迫切要求获得垂直部门的信息资源，实现行政相对人公共行政信息在不同政府部门的信息对称，填补政务割裂可能出现的管理漏洞，实现地方的善治。

垂直管理部门在电子政务层面与地方政府实现数据对接，并不违背中央部委或者省级部门垂直管理政府职能部门的初衷。根据多数人的认识，实行垂直管理，就是为了将政府职能部门从地方各级政府序列中分离出来，保持政府职能部门"人、财、物、事"等的相对独立，摆脱地方政府对部门事权的干预，用更高级别的行政权力来制约地方政府的权力，强化中央对地方的宏观调控能力，实现全国统一行政管理。垂直管理部门在电子政务层面对地方政府开放数据资源，完全不影响垂直管理和属地管理的权力配置格局，也不会导致垂直管理部门受制于地方政府，相反，地方政府通过分享垂直管理部门采集的行政相对人的数据，可以提升管理能力和服务水平，而且，地方政府也可以采取灵活的方式向垂直管理部门开放自己掌握的行政相对人的信息资源，帮助垂直管理部门提升宏观调控能力，落实垂直管理的初衷。不同层级政府不同级别的法定行政权限，完全可以通过完善电子政务系统的权限分配机制等技术手段和辅助制定相关管理办法来解决。

5.5 资源配置与管理

资源高效利用涉及的一个重要问题就是资源配置问题。资源配置总体来看分为广义和狭义两个方面。广义的资源配置是指经济社会为达到最优或最适度的境界而对其资源在各部门或个体之间，或者各种用途之间的配置。较高层次的资源配置是指资源如何分配于不同部门、不同地区、不同生产单位，其合理性反映在如何使每一种资源能够有效地配置于最适宜的使用方面。狭义的资源配置是指在资源分配为既定的条件下，一个生产单位、一个地区或一个部门如何组织并利用这些资源，其合理性反映于如何有效地利用它们，使之发挥尽可能大的作用。显然，资源配置的目标是使资源的利用达到最优化。目前我国的资源优化配置包括两个方面，一是时间上的最优配置，即动态优化，其目标是整个开发周期的收益最大化；二是空间或部门间的最优配置，即资源在区域内、区域外以及多区域间的配置。

2017年全国两会上，习近平总书记提出了"城市管理应该像绣花一样精细"的总体要求。实现城市管理精细化，成为全国各大中型城市政府的一项重要任务。党的十九大报告进一步指出，中国特色社会主义进入了新时代。我国社会主要矛盾已经转化为人民日益增长的美好生活需要和不平衡不充分的发展之间的矛盾。

因此，在新时代、新矛盾面前，城市的精细化管理需要作出新的制度安排、政策创新和技术应用等，实现人财物的合理配置，着力破解不平衡不充分的矛盾，创建更加整洁、安全、干净、有序、公正的城市环境，全面提升城市的吸引力、竞争力和内在魅力。城市本身就是拥有巨大的人口规模和经济体量以及极度复杂的社会系统的继承，如何有效管理好、运行好、维护好一座城市，是全球城市治理的共同难题。精细化管理是一个覆盖全体民众、全时段、全要素、全过程的科学管理状态，是城市管理创新的重要措施，也是创造宜居城市环境的重要途径。

城市管理实质上就是对城市道路、桥梁、房屋、汽车、人口等各种软硬要素及其关系的管理和服务。因此，政府管理部门对各自管理要素的精准化掌握，是实现精细化管理的基础。尤其是掌握人口，以及房屋类型、属性、空间分布等信息，显得非常重要。例如对人口而言，实时掌握人口规模、年龄、性别、职业、分布、居住方式等方面的动态变化，是真正实现城市精细化管理的第一要务。因此，城市政府应要求城市管理部门对各自的管理对象进行全面、准确、精准的统计分析，对管理对象的总体状况、结构属性、空间分布及其动态变化做到心中有数，为精细化管理打下坚实的数据基础。

政府另一方面需要以社会民众的真实需求为依据，提供与需求相匹配的公共服务，精准化地满足不同群体的差异化、个性化服务需求，是精细化管理的内在要求，也是核心任务之一。为此，城市政府应针对全市不同年龄、不同收入水平、不同区域、不同职业的人群，开展综合性（城乡公共设施建设、教育、科技、文化、卫生、体育、养老、娱乐等）和专业性相结合的公共服务需求调查。如针对全体市民开展基本公共服务的需求调查，抑或对老年人开展养老服务需求调查，对年轻人开展就业创业和娱乐服务等方面的需求调查等，通过调查数据的分析和评估，可以掌握公共服务供给中的不平衡、不充分问题，也为精细化管理和公共服务的有效供给做好充分准备。

均衡科学化的城市资源配置也是城市管理的重要任务。城市在发展中面临的诸如人口膨胀、交通拥堵、环境恶化、住房紧张、就业困难等"大城市病"，是资源空间配置失衡导致城市空间单中心发展的结果。现如今城市面临的空间资源不匹配的问题、城郊发展不平衡问题、潮汐式高密度交通拥堵问题、中心区高等级医院人满为患的问题，都反映出城市资源配置的重要性。因此，必须尽快改变按照行政级别配置资源的传统模式，转变为按常住人口为依据的资源配置新模式，尤其要高度关注城郊结合部人口密集区的现实需求，推动空间资源的均衡科学配置，全面缩小中心城区与城郊结合部、远郊区之间在教育、医疗、文化、体育、城管、市场监管等方面巨大的资源差距，最大程度降低资源浪费，提高资源配置效率。

自然资源的配置主要以市场为主，政府为辅，而信息资源的配置必须以政府为主，市场为辅。精细化管理的本质就是管理服务的规范化、标准化，旨在解决经济社会发展与城市管理标准不统一、不平衡之间的矛盾。为此，制定一个科学有效的城市精细化管理标准，是城市精细化管理的大势所趋。目前在国内，重庆市率先制定了《重庆市城市精细化管理标准》和《关于全面推进城市精细化管理的实施意见》，依法对每项管理内容的管理目标、标准、流程过程、分工、职责、奖惩、信息公开等提出明确要求，旨在实现"全行业覆盖、全时空监控、全流程控制、全手段运用"的高效能管理。管理标准的制定和实施，将有助于推动粗放式、人为化评价走向集约化、定量化评价的精细化管理。因此，按照全覆盖、全时空、全流程的思路，制定城市管理领域的规范和标准，是城市提升精细化管理水平的关键和突破口。

科学合理的政府体制安排，是城市精细化管理的重要依托和保障，这就要求既要发挥传统科层制纵向化、专业化管理的优势和长处，做到责任到人，职能边界清晰，更要关注多个管理部门之间作业领域的无缝对接和有机衔接，不留死角、不留空白。为此，在全面理顺市、区、街道、社区纵向职能及事权财权的基础上，进一步深化开展政府体制改革行动，加快跨界整体性治理新体制的重建再造，打破行政壁垒、弱化利益部门化倾向，为全面满足人民日益增长的美好生活需要搭建更加有效的整体性管理新体制。

5.6 资源配置与应用

5.6.1 城市更新

城市发展是一个新陈代谢的过程，每座城市都必然进入城市更新阶段。2016年11月，国土资源部印发了《关于深入推进城镇低效用地再开发的指导意见（试行）》，文件有效期5年，其中，很多政策措施都有利于提高市场参与城市更新的积极性，有利于加快欠发达地区城镇化建设。

城市更新通过利用低效存量建设用地，来缓解目前市场上的土地资源供需矛盾，本质实际上是土地政策的创新；政策的核心主要通过充分发挥市场资源配置作用，来调动土地权属人和市场主体，参与城市改造活动中的积极性，使土地权属人共享土地的增值收益，从而减少征地拆迁矛盾，提高节约集约用地水平。城市更新主要通过四个方面来实现资源配置平衡的目的。一是在改造主体上，允许土地权利人按规划自行改造，即土地权利人可以作为改造主体，选取合作企业自行实施改造，并以协议方式供地，突破以往必须由政府作为主体征收土地进行改造的规定；第二个是在利益分配上，土地权属人可以享受土地增值收益，权属人的土地通过公开出让的，其土地出让纯收益可按较高比例返还用于支持企业或村集体发展，这就突破以往土地权属人只能按原用途获得补偿款的规定；第三个是在历史用地处置方面。通过允许无合法手续的存量建设用地，按照用地发生时的法律政策处理（处罚）后，按土地现状完善用地相关的手续；另外就是通过土地征收来实现手续方面的简化，允许村集体经济组织将集体建设用地申请转为国有建设用地，征收后土地仍由原农村集体经济组织使用，在此过程中可不再按照现行政府公益征收的模式办理征地拆迁、举行听证、社保和安排留用地，突破以往集体建设用地转为国有建设用地必须由政府进行征收的规定。

必须坚持新的发展理念，通过政策的突破、让利市场，来优化土地资源配置，推动土地功能转换和二次开发，为加快城市转型发展提供重要支撑。

5.6.2　韧性城市

韧性（resilience）的概念最早出现自20世纪70年代的生态学，美国佛罗里达大学生态学教授霍林于1973年在其著作《生态系统韧性和稳定性》中提出"生态系统韧性"的概念。

近年来，韧性城市相关问题成为城市规划学界关注的焦点之一。韧性城市（Resilience City）就是要在城市规划建设管理中充分考虑各类安全风险，采取趋利避害的有效适应行动，从城市空间到运营管理体系，建设能够应对各种风险、有弹性的、有迅速恢复能力的城市。

韧性城市一方面强调应对外来冲击的缓冲能力和适应能力，从变化和不利影响中反弹的能力；另一方面强调对于困难情境的预防、准备、响应及快速恢复的能力。相较于传统的城市应急应变系统，韧性城市更具系统性、长效性，也更加尊重城市系统的演变规律。

习近平总书记强调，要着力完善城市治理体系和城乡基层治理体系，树立"全周期管理"意识。韧性城市建设既需要物理空间的资源支撑，也需要利用和发挥这些资源的社会空间条件与制度要素，"全周期管理"就是要从空间规划、公共服务、动员能力、应急机制等社区运转的各环节进行科学统筹。

韧性城市应对突发事件的优势就在于，能够最大限度地规划好、建设好、管理好医院、避难建筑、应急指挥中心、生命线工程等关键设施，以便于在城市"突发病"发作时，充分保障城市各种物资、各种资源的畅通调配和有效供给。

城市一旦遭受到突发事件，将面临诸多冲击乃至巨大压力，而能否构建起高效运作的全社会协同应对体系则成为城市存续的关键。韧性城市建设的关键环节，就是提高政府、社区、社会组织、居民在各种急性冲击之下的存续、适应和协同发展能力。政府不仅要及时向社会公众公开风险，及时发布风险控制工作进度和落实情况，科学进行公共资源的调动和配置，引导全社会力量共同参与到对"突发病"的防治中；而且要强化各相关部门的风险管理职能，合理分配风险责任，使得各级各类主体各司其职、各负其责。

5.6.3　循环城市

循环城市强调由废弃物管理的思维模式，转型迈向积极的资源管理，建设善用资源、循环且宜居的城市系统。循环城市致力于协同并结合低碳、可持续发展目标、增加资源使用效率和生态平衡，目前很多城市和地区，正在积极探索一体化的综合发展方法。像日本提出的"地域循环圈"就是一个结合低碳社会发展、资源循环与生态自然和谐三个概念的综合性观点。

"地域循环圈"这个概念源于2008年，当时的日本政府认识到物质资源流通与地理区位距离远近间的关系，因此提出了"循环型社会"的概念。随着进一步认识城市乡村协力合作、人与自然共存的重要性，日本政府后又于《生物多样性国家战略2012—2020》中提出由生态系统服务连接的韧性社会——"自然共生圈"概念。2018年日本政府再次统筹修订其环境战略，在环境政策中引入更完整且同时强调包含地球边界条件（Planetary Boundaries）、可持续发展目标和包容性社会发展的"地域循环圈"概念。

"地域循环圈"是一个全面性的概念，可在不同层级的政府单位实践。它鼓励多层级治理；多方与学术界、非政府组织、企业等相关利益者筹建伙伴关系；强调城市和农村地区通过自然资源所提供的服务重新建立联系，如由自然界提供人类生存所需的食物系统、河流和森林；着重城市和区域与物质和能源的自给能力；强调人类社会通过社会经济系统支持并维护自然界的运作。

通过采行"地域循环圈"的核心价值观，区域、城市和社区将发展健壮且富有韧性的社会，各个地区内各种资源流通，展现独特的特点和力量，实现与周边地区的协同交流和互利共生。

中国的循环经济概念最先通过"十一五"规划（2006—2010）正式引入，聚焦在企业和工业园区内达成闭环的重要性。城市在"十二五"规划（2011—2015）中被认为是循环经济的主要参与者与实践者，并有一百多座城市被选为循环城市试点。"十三五"规划（2016—2020）则进一步将循环经济的实践细化到特定部门。目前中国已有46个城市被指定为实施垃圾分类的试点城市。

现阶段中国的循环经济实践主要集中在技术创新和废弃物管理层面，但忽略了循环经济与生态领域、社会发展之间的关系。中国城市和地区目前已逐渐意识到循环经济在技术开发和创新方面的潜力，以及对实践具有协同益处的全面一体化循环转型，特别是对水、土壤、空气等自然环境所面临严重污染的助益。

拓展阅读

1. 新基建

新基建是"十四五"期间智慧城市发展的基石，其核心思想是顺应城市演进的网络化、数字化、智能化的方向，以人为中心，利用新基建对于城市云计算基础设施的升级作用，推动全域感知、智能中枢、云网融合在城市全要素融合运营智能、精准泛在服务和开放内生创新中的应用。

在云网端一体化时代，有望实现人工智能城市的规划和建设一体化平台，全程应用于物理世界的建设、改造和升级之中。由此带来了：数字化设计、生产、交易、运维和监管，彻底改变了生产管理、生产流程和生产力，实现了全要素资源的数字化。

全域智能数据采集、泛在信息网络、智能信息中枢和开放的应用系统最终推动人工智能智慧城市向着全透明城市的方向升级，透明城市时代已经渐渐走来。

2. 海绵城市

城市设计的基本任务在于优化"两态",一是形态,二是生态。传统的城市设计主要关注城市形态与肌理,随着社会与科学技术的发展,城市设计不再只关注形态,转而逐渐关注生态,生物气候条件和特定的地域自然要素是现代城市设计最为关注的重要核心之一,生态作为重要的因素影响并限制城市设计。生态作为支撑着城市形态系统持续存在的内生动因,故城市设计从形态到生态是其发展的必然趋势。

"海绵城市"是人类运用生态智慧统筹解决城市理水问题构想,针对当代城市水环境的特征,深入研究剖析城市旱涝的缘起,以最为集约的方式系统地解决"渗、蓄、滞、净、用、排",充分让自然做功,相反相成自两极化解矛盾,从根本上解决城市旱涝问题。海绵城市蕴含着丰富的生态智慧。

3. 智慧生态城市

生态城市建设是解决目前我国许多大型城市城市病的重要途径之一,而信息化社会的进一步发展和成熟,为智慧生态城市规划建设奠定了技术基础。随着城市人口持续增加,以及城市功能的进一步升级和发展,给城市自身的建设带来了巨大的挑战,现有资源逐渐供不应求,环境持续遭到破坏,旧有的城市生态平衡已经被打破。面对这样一系列的问题和挑战,人们有必要对当前城市规划建设体系进行重新审视,智慧生态城市建设就是一个非常合理的选择。

生态城市的规划和建设必须以科学统筹为主要的实施原则,以切合城市建设实际为基础手段,将城市的社会特点、经济模式、生态可持续发展作为完整的体系一进行完备的规划,充分衡量彼此之间的作用和影响,利用社会生态学的分析方法和基本原理,以适宜、科学、高效的方式方法来设计和规划城市生态系统的协调关系,取得最佳的设计效果和解决方案。

第6章　新型智慧城市的规划

　　近年来，我国经济的快速发展和城镇化水平迅速提高，经济发展与资源环境承载力的矛盾日益加剧，资源环境形势相当严峻，不容乐观。党的十九大报告中指出，人与自然是生命共同体，人类必须尊重自然、顺应自然、保护自然。如何解决以上矛盾和问题，优化国土空间开发格局，合理布局人类建设空间，提高城市经济社会环境综合效益，已成为亟待解决的重要命题。

　　2018年，自然资源部成立，承担建立空间规划体系并监督实施的职责，构建以空间规划为基础、以用途管制为主要手段的国土空间开发保护制度，并以构建空间治理和空间结构优化为主要内容，全国统一、相互衔接、分级管理的空间规划体系，目标是推进国土空间领域国家治理体系和治理能力现代化，努力走向社会主义生态文明新时代。

6.1　智慧国土空间规划

6.1.1　提出背景

　　2013年印发的《中共中央关于全面深化改革若干重大问题的决定》，明确提出要"建立空间规划体系，划定生产、生活、生态空间开发管制界限，落实用途管制。"随后，中央多项政策文件和相关规划对探索建立空间规划体系、落实主体功能区制度进行了安排部署和指导。2015年中共中央国务院印发的《生态文明体制改革总体方案》首次明确提出要编制空间规划。通过整合目前各部门分头编制的各类空间性规划，编制统一的空间规划，实现规划全覆盖。空间规划的编制，旨在落实主体功能区规划要求，优化空间治理和空间结构，形成全国统一、相互衔接、分级管理的空间规划体系，着力解决空间性规划重叠冲突、部门职责交叉重复、地方规划朝令夕改等问题。2016年年底，中共中央办公厅、国务院办公厅印发《省级空间规划试点方案》，空间规划全面试点工作正式推开。

6.1.2　重要地位

空间规划体系的首次提出，是在2013年《中共中央关于全面深化改革若干重大问题的决定》"加快生态文明制度建设"篇章中："建立空间规划体系，划定生产、生活、生态空间开发管制界限，落实用途管制……完善自然资源监管体制，统一行使所有国土空间用途管制职责。"在2014年《生态文明体制改革总体方案》中发展为："构建以空间规划为基础，以用途管制为主要手段的国土空间开发保护制度""构建以空间治理和空间结构优化为主要内容，全国统一、相互衔接分级管理的空间规划体系"。2015年《中共中央关于制定国民经济和社会发展第十三个五年规划的建议》中则进一步提出："建立由空间规划、用途管制、领导干部自然资源资产离任审计，差异化绩效考核等构成的空间治理体系"。《省级空间规划试点方案》的印发，进一步探索空间规划编制思路和方法。在上述中央文件中，空间规划、用途管制、自然资源监管体制、国土空间开发保护制度、空间治理体系等逐次出现，构成推进生态文明体制改革的重要内容。

在生态文明建设已成为千年大计、根本大计的今天，建立空间规划体系是中央结合生态文明建设作出的重大战略部署，也是推进国家治理体系和治理能力现代化的重要环节。从空间规划体系概念的提出到十九届三中全会，十三届人大一次会议作出的国家机构改革决定来看，建立空间规划体系的初心并未改变。简言之其初衷是统一实施国土空间用途管制，推进自然资源监管体制改革，是生态文明体制改革的重要一环，是推动人与自然和谐共生，加快形成绿色生产、绿色生活、绿色发展方式的重要抓手。

6.1.3　主要特征

城市在经济发展中面临交通拥挤、人口膨胀、环境恶化、资源紧张、生态破坏等多种问题，因而需要在这种城市模式基础上进行合理的空间规划，在大数据时代背景下建设智慧城市。智慧城市在规划建设中需要与信息化技术和新型工业化等内容结合，在信息科技革命大潮中解决一系列的城市发展问题，并通过云计算、移动互联网、物联网和大数据等技术应用，实现综合化、多元化的智慧城市空间规划。智慧城市在大数据下的空间规划最主要的特点是融合性、互动性和开放性。城市在规划设计中通过现代化的技术平台，在信息融入中实现政府职能，充分解决好城市公共交通、环境保护、医疗服务、社会保障和基础教育等问题。另外通信、金融、旅游、商贸等信息内容与互联网和计算机软件技术在高度融合中促进新生业态的形成，包括大数据服务、智慧旅游、互联网金融和电子商务等，实现城市经济发展和产业结构升级。

6.1.4　技术路径

1. 技术路线

按照中央关于"以主体功能区规划为基础统筹各类空间性规划，推进'多规合一'"的部署要求，《省级空间规划试点方案》提出空间规划的技术路线如图6-1所示。

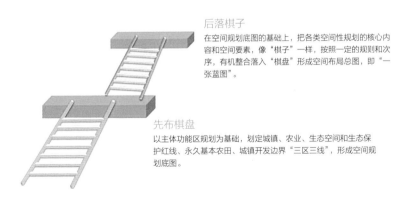

后落棋子

在空间规划底图的基础上，把各类空间性规划的核心内容和空间要素，像"棋子"一样，按照一定的规则和次序，有机整合落入"棋盘"形成空间布局总图，即"一张蓝图"。

先布棋盘

以主体功能区规划为基础，划定城镇、农业、生态空间和生态保护红线、永久基本农田、城镇开发边界"三区三线"，形成空间规划底图。

图 6-1　空间规划技术路线

图片来源：https://www.sogou.com/link?url=hedJjaC291Pl05MTlF1Zk2XH0kc1pIdiEAmASRdUnw8mEWf2WoR04HNDx2Xv40p10dnaGwShbcM1EEtckr33b6BudgpU_V0AIeZ8aQ291kY.

2. 技术流程

围绕空间规划"先布棋盘、后落棋子"技术路线，按照空间规划政策、相关技术法规及导则规程，结合试点实践，提出空间规划的技术流程图如图6-2所示。

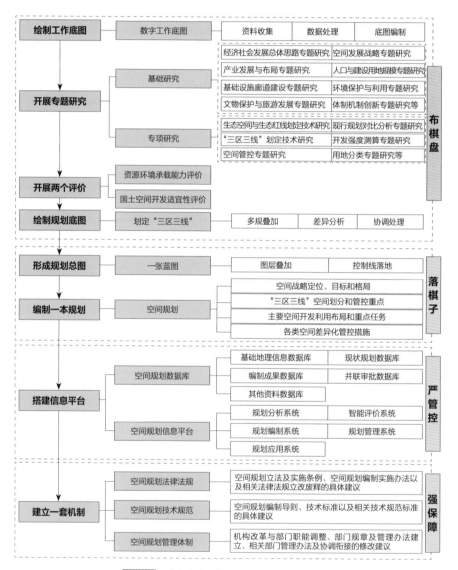

图6-2 空间规划（多规合一）技术流程图

图片来源：https://www.sogou.com/link?url=hedJjaC291Pl05MTlF1Zk2XH0kc1pIdiEAmASRdUn
w8mEWf2WoR04HNDx2Xv40p10dnaGwShbcM1EEtckr33b6BudgpU_V0AIeZ8aQ291kY.

6.1.5　总体框架

基于"可感知、能学习、善治理、自适应"的需求，可建立智慧国土空间规划框架，由感知体系、数字空间、学习体系、治理体系和协同生态构成。其中"可感知、能学习、善治理、自适应"含义如下：

可感知：是对国土空间中各类主体的变化情况和变化趋势进行感知。

能学习：是随着机器学习及人工智能的发展，规划将迈向人机协同的阶段，规划管理及从业者将有机会利用智能化辅助工具进行思考和判断。

善治理：是通过常态化、动态化、精准化的数据捕获，及时发现问题，明确治理方向和重点。

自适应：是实现规划编制、审批、实施、监督、评估闭环管理，自动发现问题、辅助解决问题、促进自我优化（图6-3）。

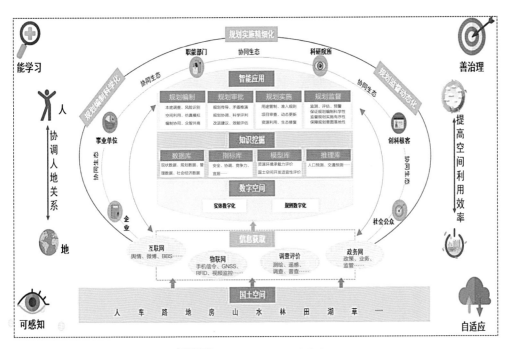

图6-3　智慧国土空间规划框架

图片来源：上海数慧系统技术有限公司

在整体的框架中，首先通过互联网、物联网、调查评价和政务网数据将现实存在的国土空间数字转译，形成数字空间，并通过四库理论建立相应的学习体系。然后基于编制、审批、实施和监督的规划全生命周期建立完整的治理体系。最后，依托包括企业、事业单位、职能部门、科研院所、创客极客和社会公众所形成的行业协同生态圈，共同支撑人地和谐的智慧生命体自适应生长。

6.1.6　支撑体系

智慧国土空间规划框架需要"5大体系"对其进行全方位支撑，包括：业务体系，数据体系，指标模型体系，技术体系，应用体系（图6-4）。

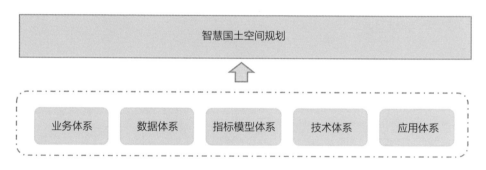

图6-4　智慧国土空间规划框架支撑体系
图片来源：上海数慧系统技术有限公司

1. 业务体系

国土空间规划管理业务涉及政策拟定、调查评价、规划编制、规划审批、计划制定、规划实施、规划监督和对外服务等内容，国土空间规划管理及其相关的业务关系逻辑如图6-5所示。

（1）空间规划阶段：以自然资源基础调查和专项调查为基础，开展自然资源分析评价、资源环境承载力和国土开发适宜性评价，作为国土空间规划的规划编制基础。各级编制责任主体组织编制国土空间规划，经审核报批后形成法定依据。

（2）规划实施阶段：根据规划开展管制、自然资源利用、耕地保护、生态修复工作。

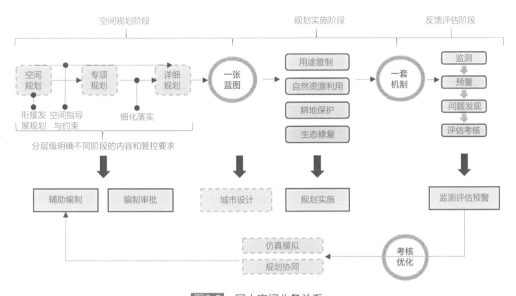

图6-5　国土空间业务关系

图片来源：上海数慧系统技术有限公司

（3）反馈评估阶段：开展实施后的监测工作，包括自然资源本底变化监测、开发利用行为监测和资源环境承载能力监测等，并对突破约束性指标、违反规划边界或要求以及资源环境承载能力超载等情况进行预警，基于监测和预警的结果开展专项评估。

同时，基于数字化城市设计平台、城市仿真模拟平台和互联网+规划协同平台，共同支撑国土空间规划的全生命周期治理。

2. 数据体系

国土空间规划数据体系的建立，以国土空间规划数据治理为目标，以数据层面顶层设计理念为出发点。首先，依托数据资源规划摸清数据家底，理清数据关系，建立数据资源目录体系和标准体系；然后，进行数据资源领域模型设计，并依据数据和业务要求建立数字规则体系；最后，进行数据服务体系设计，满足数据共享和应用需求（图6-6）。

国土空间规划数据资源，横向涵盖测绘、国土、规划、发改、环保、住建、交通、水利、农业、林业等不同行业，纵向贯穿国家、省、市、县、乡五级。按照数据业务来源的不同，可分为现状数据、规划数据、管理数据和社会经济数据四种数据类型（图6-7）。

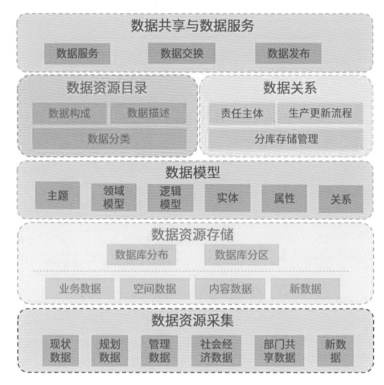

图6-6   数据资源体系

图片来源：上海数慧系统技术有限公司

图6-7   数据资源目录

图片来源：上海数慧系统技术有限公司

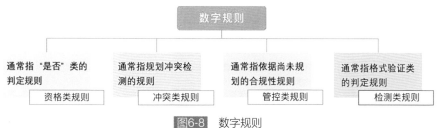

图6-8 数字规则

图片来源：上海数慧系统技术有限公司

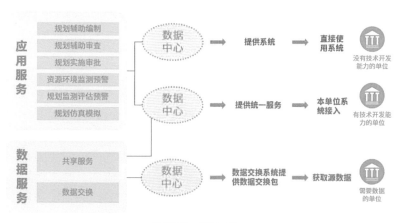

图6-9 数据服务

图片来源：上海数慧系统技术有限公司

数字规则是从业务出发，基于数据资源目录的结构、数据存储的标准规范而制定，包括资格类规则、冲突类规则、管控类规则和检测类规则（图6-8）。

数据服务针对不同的数据应用和共享需求提供不同层级的服务模式。面向技术开发团队提供可进行二次开发的数据服务和插件式的页面组件；面向非技术开发团队提供可交互操作的系统；面向原始数据的使用需求采用数据交换的方式，提供处理后的原始数据（图6-9）。

3. 指标模型体系

按照"创新、协调、绿色、开放、共享"五大发展理念，对接国家"两个一百年"的奋斗目标，参考国内外城市指标体系，结合国内发展现状，建立国家国土空间规划指标体系并完善地方指标内容。并需要按照国家级指标库、省级指标库以及城市级指标库

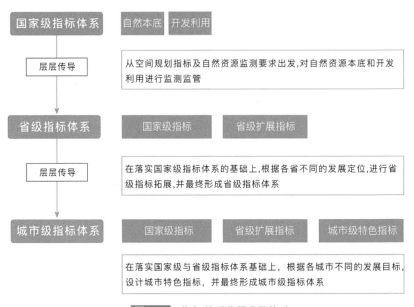

图6-10 指标体系分层分级构建

图片来源：上海数慧系统技术有限公司

分别分层分级建设（图6-10）。

国土空间规划在编制、监测、评估过程涉及大量的指标模型，强化国土空间管控，对在业务过程中涉及的各类规则、模型进行梳理、完善，配套建立国土空间规划模型体系。

例如，资源环境承载能力和国土空间开发适宜性评价、土地开发利用强度监测、交通模拟仿真等研究成果，需要通过指标模型引擎来支撑海量国土空间规划相关指标、模型的检索、管理和调用，从而能够更加便捷地进行规划模拟和仿真。

4. 技术体系

国土空间规划技术体系包括数据湖、云、知识引擎、泛在计算等内容，并且基于"大平台、微服务、轻应用"的思想进行技术架构设计，其中：

大平台：采用企业级架构，具有足够的稳定性、开放性、高可用性和灵活性，符合IT主流趋势，匹配云计算、大数据等新技术。

微服务：聚焦于支持系统功能和数据资产进行服务化，形成信息资产，并通过系统运营的持续累积，对外提供服务资产输出，降低后续信息化投资成本、缩短建设周期。

图6-11　技术能力谱系

图片来源：上海数慧系统技术有限公司

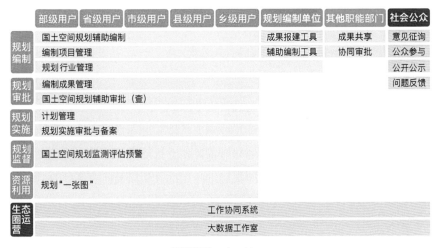

图6-12　应用体系

图片来源：上海数慧系统技术有限公司

轻应用：提供更加简便、轻灵的前端应用，满足多端使用、所需即所得（图6-11）。

5. 应用体系

面向政府、自然资源主管部门及相关部门、规划编制/评估单位、科研院所、企事业单位、社会公众提供应用服务，包括国土空间规划"一张图"、辅助编制、辅助规划审批（查）、支撑用途管制、监测评估预警、资源环境承载能力监测预警、公众服务等业务应用系统，从而建立覆盖国土空间规划编制、审批、实施、监测、评估、预警、公众服务全过程的国土空间应用体系，全面提升空间治理体系和治理能力现代化水平（图6-12）。

6.2　空间规划方法

　　信息的发展、科学技术的进步，都让人们的生活发生了翻天覆地的变化。随着人们沟通交流的加强，人们对于生活空间的研究也逐渐增多。并且，随着科学技术的进步，人们对生命的重视，生活的空间因为人口的增长也开始出现饱和的趋势，如何让我们的生活空间更加合理，如何对我们的城市空间进行更好的规划，不仅成为相关人士所需要考虑的重要内容，也成为平常百姓所关注的重点。空间的合理利用，智慧城市的构建，开始出现在人们的视野范围内，开始让人们重新审视空间的规划方法，开始让人们对未来的城市建设萌发出更大的希望。

6.2.1　大数据环境下城市空间规划影响因素

　　网络信息技术和通信技术的发展，改变了人们传统的生活方式与工作方法，先进的科学技术在不同领域应用广泛，为现代化的城市进步、发展奠定基础。传统数据模式下的城市规划管理具有一定落后性。大数据时代背景下智慧城市建设、管理更具科学性与严谨性。针对大数据时代智慧城市空间规划中应用的方法以及需要遵循的基本原则，均要从实地调研的基础上展开研究与分析。

　　1.　空间流动因素

　　当前中国的大气污染程度比较严重，很多人已经开始对大气污染或者生态污染产生极大的忧虑。因此，在进行城市空间规划的时候，也同样需要将空气的流动性考虑在内，保证空间规划不会妨碍空气流动，保证大气环境的良性循环，促进环境的生态发展。同时，我国的交通设施建设逐年增加，而城市交通在城市发展中也已经占有非常重要的地位。因此，在进行城市空间规划的时候同样需要将交通所带来的空间流动性考虑在内，让城市物流和交通运输业获得更大的发展空间。

　　2.　土地混合利用因素

　　目前阶段，我国在进行城市空间规划的时候，不可避免的需要进行土地利用的复合化考虑，如何提高城市土地利用率，促进土地的混合利用，对于城市空间规划是否科学、合理至关重要。具有多种服务功能和信息交汇节点的空间越来越成为城市发展主体活动的主要场所，大数据时代建立一个具有多种功能的空间、对土地进行混合利用，已经成为有效解决土地资源短缺的一个重要途径，也能够为营造智慧型的空间形态提供丰富的基础资源。

3. 居民活动空间因素

信息时代的发展已经让城市公共资源获得了更大范围的发展，对其进行更好的资源配置，让其发挥更大的公共资源利用率，为居民提供更加智能化、现代化的服务则成为必要，也成为居民活动空间扩展的需要。在进行城市空间规划的同时，需要对居民活动空间加以考虑，使居民的活动空间更加具有灵动性和流动性，让其为人民的生活、出行提供更加便利的服务。

4. 绿色生态空间因素

随着人们生态意识的提高，对于城市空间的要求并不会停留在简单的满足日常生活需要程度，而是要求城市空间的规划能够为其带来更加优良的生活环境，在城市的生活中能够享受到田园生活般的绿色生态环境。这就需要城市规划设计者在进行规划的时候，将环境的绿色生态空间考虑在内，给城市预留丰富的绿化资源空间，保证为城市的生态发展提供有力的支持，这同时也需要城市规划与设计者对城市的未来发展进行一定的预留空间，从而让城市获得可持续的发展。

6.2.2　大数据环境下城市空间规划方法

在大数据时代，要建立以数据为中心的城市运行体系，通过数据的收集与整合，为未来城市的建设提供可持续的、具有智慧因子的城市。城市空间规划要注重政府的服务作用，以服务城市发展主体为根本，以解决问题为导向，从多规划角度进行综合分析，构建新型的空间规划体系，发挥大数据的重要作用。

城市空间的规划离不开信息和数据的支持，大数据的时代为城市空间规划提供了更加丰富的、可靠的规划数据。两者相互结合能够让城市空间的规划更加合理，营造更加丰富的城市生活空间，使人们在城市中感受更加现代化、智能化的生活。

1. 构建智慧化多规协同体系

当前我国的城市空间建设并非简单地依靠一个部门进行，而是通过多个部门的共同努力完成的。城市的空间规划受到了诸多因素的影响，在大数据环境下进行城市空间规划需要多方面考虑。首先，需要将国民经济与社会发展规划、城乡发展规划、土地利用规划之间协调一致，要注重城市空间建设在多规划的基础上进行构建和管理。其次，要注重未来城市集约、职能、低碳理念的实行和建设，通过多部门的数据整合，选择低碳节能的最佳途径，保障城市居住和生产、生态共同发展。最后，要构建未来复合型城市，以ICT、GIS、BIM、CIM为支撑，运用先进的技术手段，进行各种资源的整合，从而构建智慧型未来城市。

2. 围绕大数据进行城市建设

未来的城市构建应当说是智能化城市的构建、智慧型城市的构建，其城市空间的建设均应当以大数据为核心，以空间理念转型为指导，对城市空间进行统筹控制和分配。首先，通过具有区域联系的城市网络中获得相关数据的收集和整理，通过数据的显示，进行城市空间的布局。其次，要注重对数据和信息的评价和分析，此评价和分析可以将百姓的需求纳入其中，采用社区参与的形式，通过网络的形式让大众进行投票，从投票中分析群众的需求，从而对空间进行合理的规划，比如，通过网络投票的形式得知人们对商业空间的需要，从中找到影响人们就餐购物的主要问题。最后，做好未来城市预测，设计者可以通过模拟软件让人们体验未来城市的各种建设，感受各种空间的设计与规划，从而获得人们的体验感觉，对城市空间规划进行调整。

3. 构建特色空间城市

在大数据环境下所构建的城市空间，要具有地域性特色，各个地区可以根据自己的地理特点以及优势资源进行空间规划，在产业、交通、社区、基础设施方面构建具有特色化和智慧化的设计。第一，城市要建立在自身所具有的产业基础上对城市空间进行规划，注重对企业生产销售模式的重建，注重企业低碳模式的引导。第二，城市要在现有交通的基础上，建立更加便民、快捷的交通网络，通过相关的交通调查、数据传输对交通空间进行合理规划。第三，构建现代智能化社区，一方面让居民的生活与网络建立紧密的联系。另一方面，加强居民之间的交流和沟通，丰富居民的业余生活。第四，在基础设施方面进行构建，提供高质量的服务设施，结合区域和城市特点进行城市空间规划。

6.3 空间规划管理

6.3.1 智慧城市空间规划管理要点

1. 综合性网络平台的应用和数据获取

智慧城市空间规划基础性条件是城市信息数据的获取、应用和分析，城市化建设与发展中，无论是工业产业的发展还是城市居民的文化、消费活动，均产生一系列的活动数据，这些信息数据获取后对分析城市交通情况、资源供给情况和居民消费情况均有重要的参考意义。互联网信息技术和计算机网络技术的发展促进人们交友、休闲、娱乐等方式发生重大改变，因而在智慧城市空间规划中可以应用多种网络平台获取人们信息数据。例如在微信、智能手机、QQ等网络交流平台上，人们可以随时发布自己的生活、工作状态，同时在支付宝、美团以及打车软件中有人们的消费数据。根据评论、状态内容获取应用数据，能够为城市基础设施规划建设提供参考依据。

2. 开放网络系统

大数据时代背景下，多种经济活动、文化活动、教育活动和休闲娱乐活动均能够通过基础数据的统计、分析，为现有的城市空间规划、设计提供有效建议。实行智慧城市空间规划的主要目的是促进城市整体运行效率的提升，因而需要不断实现网络数据的开放和共享，提高信息数据的传输效应。在网络交流平台的搭建中通过信息数据资源共享能够有效提高信息资源的利用率。例如在GNSS导航系统和遥感技术的应用中，人们能够对出行道路交通情况有全面的了解，从而合理规划交通路线，节省行车时间，而物流车和校车等在行驶过程中可以通过定位系统的安装，保证对车辆的实时监测，提高行车的安全性。智慧城市空间规划在开放式网络系统下，能够有效提高城市基础资源配置效率。

3. 制定空间规划战略

进行智慧城市规划需要制定基本的规划战略，这项工作需要城市居民、社会企业和当地政府在相互合作中共同完成，在实地调研的基础上提取有效数据，并实行科学合理的分析，确定好智慧城市未来的发展方向。在一些主题网站中有大量的社交网络数据存在，可以以数据模型建立的形式，分析智慧城市空间规划的限制性因素，预测城市空间规划中可能存在的问题，分析成因后提出有效解决方案。智慧城市空间规划应用大数据分析的办法实现城市内部空间格局分布设计，需要对近年来城市用地情况、人口居住情况以及地价情况等进行详细了解，合理预测和计算智慧城市未来人口容量，保证城市空间利用合理，打造宜居城市，提高居民城市生活质量。

6.3.2 空间规划与CIM

在国土空间规划方面，CIM平台在汇聚互联网、物联网等多源机构数据的基础上，依托人工智能及深度学习等手段，深入研究城市发展的多项研究因子，构建覆盖市政交通、公共设施、自然环境等广泛领域的智能化算法模型，形成多领域、多维度、可视化的智能分析成果，支撑规划编制、审批、实施、监测、评估、预警全流程，全面提升规划分析的科学性与规划方案的可行性，逐步实现传统规划向可感知、能学习、善治理和自适应的智慧型国土空间规划转变。

6.4 空间规划资源

为满足国土空间规划体系的构建要求，全面提升国土空间治理能力，推动国土空间规划监测评估预警管理系统建设，需要完善的国土空间规划数据体系进行支撑。因此，应以国土空间规划数据治理为目标，优先开展数据层面的顶层设计，采用数据资源规划方法，摸清数据家底，建立国土空间规划数据资源目录。在此基础上，以国土空间规划数据资源目录为抓手，全面指导和有序开展数据标准机制、数据生产治理、数据管理应用等国土空间规划数据体系的建设工作。

6.4.1　数据资源规划

　　国土空间规划数据资源目录，是国土空间规划数据体系建设的源头，必须采用一套体系完整、行之有效的方法来开展数据资源目录梳理工作。因此在开展国家级国土空间数据资源目录梳理过程中，采用的是数据资源规划的方法。数据资源规划，是为实现各级政府部门在工作中"建好数据、管好数据、用好数据"的目标，发挥数据本身的价值，挖掘数据蕴藏的价值，促进政府部门工作精细化、管理科学化，而在数据层面进行的全面规划与顶层设计。

　　基于企业总体架构（EA）、组件化业务建模（CBM）、信息资源规划（IRP）等理论形成的数据顶层设计方法，一方面可以通过EA工作视角来进行顶层设计，也可以通过CBM梳理问题进行业务体系研究，另一方面可以通过IRP分析方法进行数据体系研究。数据顶层设计方法可以完成国家级的国土空间规划数据资源目录的梳理工作，保障了国土空间规划数据体系的完整性、科学性和前瞻性（图6-13）。

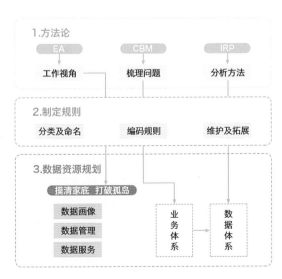

图6-13　数据资源目录构建路径

6.4.2 数据体系分析

业务体系是数据体系的源头，是获取真实数据需求的必要途径。采用组件化业务建模（CBM）方法，立足国土空间规划管理本身，开展涉及国土空间规划管理及其相关业务的业务研究，厘清业务之间的脉络，形成国土空间规划业务体系，为国土空间规划数据体系的梳理提供有力依据（图6-14）。

		业务能力									
		调查评价		规划编制		规划实施			监测评估		公共服务
责任级别	战略	城市发展战略		城市发展策划					构建大生态保护格局		
		区域协调发展与空间战略		空间战略规划							
				城市交通战略规划					规划国土海洋的治理体系建设		公众参与规划
		城乡有关政策标准制订		城市规划有关技术标准	编制城市发展策略	技术管理规定的拟定	规划管理机制			城市运行监测	项目管理
	管理	规划技术标准等编制与动态修订	全国城镇体系规划纲要	综合生态规划研究	技术规范管理	项目技术管理	技术指导实施	基本生态控制线管理	土地市场动态监测		规划知识信息共享与有效利用
		海域—流域—陆域分区管控传导体系	陆海统筹	基本生态控制线管理体系	战略咨询	土地总规的实施管理	城市建设与土地利用年度计划				城市档案管理
		全市规划国土海洋重大政策研究和综合性调研课题		编制城市总体规划	国土空间规划	图则个案修订	规划咨询	土地利用方案	城市建设发展和规划实施的动态监测及综合评估	规划成果的动态维护和评估	规划公开
		空间发展战略研究	规划成果和项目报建的三维数据标准	法定图则	近期建设规划	永久基本农田划定方案编制	建设用地项目报批相关技术支持	教育设施规划标准修订研究	市政系统规划评估和规划项目市政影响分析	城市体检评估	民意调查
		地下空间、围填海地区、	城市枢纽地区等专项研究	编制土地利用总体规划	城市枢纽地区等专项规划	违法用地相关政策研究及技术服务	规划方案技术审查	城市地下空间规划规范（国家标准）	交通影响分析及评价	交通发展评估	公众反馈
		社会经济发展战略和城市建设重大政策的研究	土地整备政策研究	城市交通综合体系规划	地下空间专项规划	土地制度改革相关技术支持	土地勘测调查的研究及技术实务	城市规划一张图动态维护规划技术服务	耕地现状动态监测	土地集约节约利用评价的相关研究和技术实务	公众展示
		低碳生态城市建设的重大课题研究	个案调整研究	产业发展规划	编制区域综合性规划	三调技术规范	地理国情调查技术和相关服务	生态廊道空间整合基础研究	城市发展评估	公共政策对城乡规划影响分析	内刊及对外宣传资料
		全市性产业发展规划相关政策研究	土地制度改革的综合研究	城市安全专项规划	编制城市更新规划	土地整备年度计划	建设用地报批	地籍调查和土地总登记技术事务	法定图则评估	土地资产资本评估	资质维护
	执行	全市性海洋发展战略规划相关政策研究	市政规划监理、市政重点难点热点问题研究	公共设施专项规划	围填海地区专项规划	城市更新地价政策研究	重点公共设施项目选址	地籍调查和土地总登记专家顾问制度建设与实施	政策评估	土地节约集约利用评价	信息安全
		拟（修）订交通相关标准准则	规划新技术应用研究	交通专项规划	海洋发展战略规划	土地变更调查技术服务	地籍管理、土地产权相关研究及技术实务	建设用地清退技术事务	不动产统一登记制度设计、动态跟踪及实施评估	土地市场动态监测与更新维护	学术活动
		土地储备、供应、监管等土地政策研究	保障性住房问题研究	城市设计	耕地和基本农田保护	市政设施选址选线等技术服务	规划土地核查规程	耕地占补平衡台账管理	测绘地理信息信用评价与考核	土地调查评　与地理国情监测	编辑出版刊物
		“三资”管理及土地投融资研究政策制订	地价政策研究	概念规划	公园特色发展规划	市政基础数据收集整理和综合利用	违法建筑变更核查	耕地质量等级	地理信息市场监督检查技术事务	民生工程实施方案及土地供应动态监测	规划资料编详
		国有建设用地使用权期满情况调查与分类处置制度体系建设研究		市政规划	生态红线规划	经济形势分析	城市更新年度实施计划	基本生态控制线考核指标、标准及方案制定	重要民生设施建设发展空间监测与评估	土地利用数据分析与评估	居民出行调查
		土地整备政策体系和管理机制优化研究	生态空间权益实施路径创新研究	立体绿化普查与规划建设发展纲要	城市设计指引	高标准农田占用补建和耕地提质改造工作	土地变更调查工程之前期准备内业处理成果分析及外业检查		建设用地利用效益分析与潜力评估	查处违法用地和违法建筑共同责任考核实施检讨	招标投标

图6-14　组件化业务建模方法分析业务

国土空间规划数据体系，按照数据业务来源的不同，分为现状数据、规划数据、管理数据和社会经济数据四种数据类型。其中：

（1）现状数据分为基础测绘、资源调查、城乡建设、其他四类，为掌握国土空间的真实现状和空间开发利用状况提供数据基础；

（2）规划数据分为各级国土空间规划、专项规划、详细规划，为行政审批和国土空间用途管制提供管控数据依据；

（3）管理数据是行政审批过程中产生的数据，分为不动产登记、资源管理、建设项目管理、规划管理、测绘管理五类，反映国土空间规划实施情况；

（4）社会经济数据为定期从各部门获取的数据及接入的新型数据，分为社会数据、经济数据、人类活动、城乡运行四类，为空间规划编制、评估提供支持。

6.4.3 数据资源目录

在国土空间规划业务体系和数据体系分析、研究基础上，通过对各行业的数据资源梳理，分析各类数据间的层次、类别和关系，对国土空间信息的数据资源进行统一规划，制定统一的数据资源编码与分类体系，建立国土空间规划数据资源目录。以此作为数据"共建、共享、共用"的核心，集成测绘、自然资源、发改、环保、住建、交通、水利、农业、林业等各部门的各类数据资源，形成覆盖全国、内容丰富、标准统一、准确权威的国家级国土空间规划数据资源体系。各省、市县可在此框架基础上进行适当扩展（图6-15）。

一级目录	二级目录	三级目录	四级目录	说明
规划数据	空间规划	全国国土空间规划		新增
		各省国土空间规划		新增
		各市国土空间规划		新增
		各县国土空间规划		新增
		各乡国土空间规划		新增
	专项规划	国家级专项规划		新增
		省级专项规划		新增
		市级专项规划		新增
		县级专项规划		新增
	详细规划	市级详细规划		新增
		县级详细规划		新增
		乡级详细规划		新增
		村庄规划		新增

图6-15 国土空间规划数据库示例内容

国土空间规划数据资源目录的构建，不仅能摸清数据家底，掌握现状情况；而且能理清数据脉络，规划未来应用。最终，为国土空间规划数据体系建设指明方向。

国土空间规划数据体系建设有了方向，还得有配套的标准、规范、机制来保驾护航，才能保障国土空间规划数据建设的正确落实。下文6.6节"空间规划数据标准与质检规则"将为大家揭开国土空间规划数据建设的标准与要求。数据资源框架体系和数据标准为信息化提供了坚实的基础保障，"空间规划评价"一节将从信息化的视角介绍国土空间规划的基础评价核心内容。

6.5 空间规划评价

国土空间基础分析评价是服务国土空间规划的一个工具，是一个系统性的工作。在国土空间规划数字化转型过程中，在分析体系框架指导下，应该从自然和科学规律出发，以辅助国土空间规划编制为研究重点目标，围绕生态保护、农业生产、城镇建设要求，通过信息化系统功能建设，为国土空间规划全生命周期业务提供服务，赋能国土空间规划编制，提升国土空间规划信息化水平。

6.5.1 空间规划评价的目的和意义

我国自然资源总量大、种类齐全，人均资源占有量不多，自然资源形势严峻。由于利用不当、管理不善，自然资源遭到破坏和浪费的现象严重。国土空间规划基础分析评价的目的：

（1）针对空间要素的状况、格局变化，进行自然生态本底的分析，摸清土地资源、水资源、矿产资源、海洋资源数量和环境特征等资源本底条件。

（2）旨在甄别国土空间开发面临的主要资源环境风险类型，辨识资源环境风险在空间上的分异，对承载状态进行判断。查找开发利用状况，城镇化、产业、交通设施、能源开发、粮食等布局空间开发利用风险，明确生态环境底线和资源利用上限，综合考虑多种自然资源和生态环境要素，应用短板理论分析评价资源环境本底条件，确定资源环境承载状态和潜力；确定适宜进行生态保护、农业生产和城乡建设的国土空间规模、结构、适宜程度和空间分布，引导优化建设开发与农业开发格局，确定区域适宜和极限的建设开发强度，是统筹划定落实三条控制线的科学依据。

（3）对区域可持续发展状态进行诊断和预判，为制定差异化、可操作性的限制性措施奠定基础，识别预测国土空间变化的驱动力、影响因素分析，考虑到有些资源类型、环境要素的阈值难以确定，可以通过监测超过阈值造成的生态环境损害来预警承载力超载程度。

6.5.2　分析模型体系

自然资源的种类较多，按照土地、水、生态、环境质量、地质环境以及矿产资源等建立自然资源基础评价模型。根据评价的业务目标和用途开展各种专项评估模型研究，例如：绿色发展评估模型、区域联系强度模型、国土开发强度模型、职住分析模型等。在开展国土空间规划编制、审批、实施、监测评估预警过程时，需要在业务目标和指标体系的基础上，形成相对稳定的模型体系（图6-16）。

图6-16　国土空间规划模型体系

模型研究成果获得后，需利用计算机语言，对国土空间规划的各类规则模型、评价模型、评估模型进行算法开发实现，通过算法注册、数据源管理及配套可视化工具进行模型构建，实现模型的统一管理和应用，为国土空间规划编制、审批、预警和评估等提供模型计算支撑。

6.5.3　分析评价流程

国土空间规划基础评价涉及专业领域较多，系统关系具有复杂性，不同部门业务间流程跨度大，数据来源较多不统一，如测绘勘探、调查普查、物联网、传感器，在土地开发利用、占用或消耗资源方面有城乡建设、人的活动等，评价模型众多，相关成果复杂，需要一套评价方法、评价流程进行落地实施。

在国土空间规划基础分析评价中，资源环境承载能力和国土空间开发适宜性评价（简称"双评价"）是国土空间规划编制的重要基础。按中央要求，在资源环境承载能力和国土空间开发适宜性评价的基础上，科学有序统筹布局生态、农业、城镇等功能空间，划定生态保护红线、永久基本农田、城镇开发边界等空间管控边界以及各类海域保护线，强化底线约束，为可持续发展预留空间。我们以双评价为例介绍分析评价流程（图6-17）。

图6-17　评价流程

（1）评价方法构建

评价方法是影响评价的关键要素之一。在基础分析评价任务理解的基础上，我们将评价过程分解为P0—P4。P0的主要任务是搞清楚资源的数量、环境的特征在空间上的分布；P1考虑资源开发利用的外部需求以及不同环境条件对其产生的有利或不利影响，评价陆域、海域资源利用的适宜性和限制性；P2在P1基础上考虑当前资源开发利用的水平与生态环境保护的需求，确定资源的承载能力及生态环境容量标准；P3综合分析当前资源开发利用现状、生态环境状况，评价不同地域空间上资源开发利用与生态环境保护存在的压力；P4 为进行城市地区、农业区、生态保护区等区域的专项评价和决策适宜性开发方向。基础分析评价结果是一个综合结果，空间多尺度问题，最终可以与行政单元耦合，结果可以直接汇总到乡、县、市、省、全国，也可以汇总到长江经济带、珠三角经济带等。

在评价方法框架指导下，再对单一评价和综合评价从评价流程、评价指标以及度量方法三个方面构建具体的评价流程。对其评价过程进行详细的说明，明确评价涉及的指标内容和具体的度量方法。

评价流程范例——建设用地压力状态指数评价流程：

按土地资源、地质环境、生态环境等资源环境要素，分析优质耕地、天然牧草地、生态红线区、地形坡度、地壳稳定性、突发性地质灾害、采空塌陷、地面沉降等因素对土地开发建设的影响。按对建设开发的限制程度将因素分为两类：强限制性因子与较强限制性因子，进行建设开发适宜性评价。

根据适宜性评价分值结果，通过聚类分析等方法将建设开发适宜性划分为最适宜、基本适宜、不适宜和特别不适宜四类，其中不受强限制性因子约束，且非强限制性因子分值最高的区域为最适宜开发的区域。

运用分区结果和现状建设空间面积数据计算极限开发强度、现状开发强度等指标，最终得出现状建设用地布局匹配度。结合土地利用总体规划的建设用地目标数以及规划年增用地量，对现状建设用地布局匹配度进行偏离度计算，得到建设用地压力状态指数。根据该指数，将评价结果划分为超载、临界和可载三种类型。

（2）评价模型管理

从国土空间规划基础分析评价模型体系中，我们可以看到一个评价过程中会涉及很多个模型的综合应用，需要将模型进行动态组装和管理。评价模型管理是基础分析评价的重要组成部分。对业务进行分析、确定模型的范畴，然后导入空间数据标准作为业务对象，再选择合适的算子并以合适的业务对象作为参数输入，建立规则，一项业务可能需要多个规则进行组合，我们对规则进行有机编排，形成一个模型，在模型经过验证之后，将模型发布并部署进入生产环境中。

利用空间模型管理引擎将规划数据标准、计算算子、业务规则、计算模型从线下提

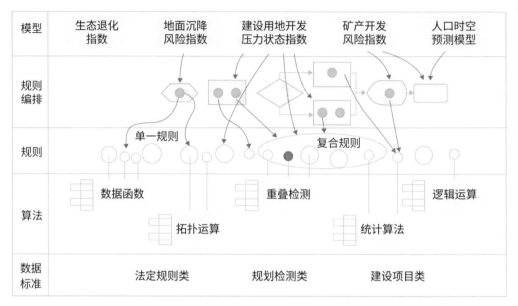

模型	生态退化指数	地面沉降风险指数	建设用地开发压力状态指数	矿产开发风险指数	人口时空预测模型
规则编排					
规则	单一规则		复合规则		
算法	数据函数　　拓扑运算	重叠检测　　统计算法	逻辑运算		
数据标准	法定规则类	规划检测类	建设项目类		

图6-18　模型构建器

到线上，最终通过共享、众筹、开放的模式将计算能力转化为一种公共服务。针对国土空间规划基础分析评价模型，进行算法和数据源的注册、管理，通过拖拽的方式构建适用不同场景的应用模型，实现模型的统一管理和应用，为国土空间规划全生命周期提供辅助服务支撑（图6-18）。

（3）多源数据融合计算

国土空间规划基础分析评价过程中，大数据已成为一种基本的数据。对多种数据源的采集，如遥感数据、手机信令、传感器数据。对多源海量数据评估与清洗工作涉及大量的数据计算需求。在模型计算时，涉及多源数据的空间聚合，对数据的理解认知，到目前为止，多源数据融合仍然是一个技术挑战。在提出分析评价结果时，我们需要运用数据挖掘能力。最后我们需要数据采集能力、数据处理计算能力、多源数据融合能力、数据挖掘能力整合为工程实施能力，通过工程管控来保障国土空间规划基础分析评价成果的持续输出（图6-19）。

（4）评价结果可视化表达

国土空间规划基础分析评价的结果具有明显的时空特征，数据量大，数据维度多。

数据环境	数据价值	数据空间尺度	数据时间精度	数据载体单元
传统数据环境	以地为本 关注地表覆盖、资源分布、土地利用、功能分区	受行政区域限制 全国、省、市、区县、街道办事处、社区、地块	统计时间长、数据更新滞后数据动态平滑化 大多为年度数据，当年数据下一年发布，反映低时间精度的数据动态	集合单元数据均质化 以行政单元、交通小区、社区、地块等为载体单元的统计数据
多源数据环境	以人为本 关注人的行为活动、情感、关系、评价	打破行政区限制适用空间范围覆盖更广 行政区划，地块、街道、建筑、网格，不规则空间范围	动态更新快、时效性强支持实时监测预警 每月、每日更新，甚至每分钟、每秒、实时产生，反映高时间精度的数据动态	个体单元数据差异化 以人、车、路段、建筑、设施等为载体单位的个体数据，富有差异化属性

图6-19　多源数据融合计算

传统的可视化会利用各种专题进行时间和区域范围展示。大数据可视化方案能够对海量数据的可视化从实时、动态、趋势等方面以多维呈现的方式，为规划编制提供更直观、更全面的数据支撑以及更多维度的数据解读，呈现数据价值，传递数据价值。

6.6　空间规划数据标准与质检规则

国土空间规划数据标准与质检规则是国土空间规划数据成果汇交的基础工作，同时也为实现可感知、能学习、善治理、自适应的智慧国土空间规划提供基础保障，需要在后续工作过程中不断地实践与完善。

6.6.1　重要性

当前，全国上下正在积极推进、部署新一轮的国土空间规划编制工作，根据国家的要求，各省需要在2019年年底前全面完成省级国土空间规划编制，各市县需要在2020年年底前全面完成中央确定的市县国土空间规划编制工作。在时间紧、任务重的情况下，各地规划编制单位必须改变传统的编制方法和技术方式，首先要推进国土空间规划编制的全域、全程数字化，并在此基础上贯彻落实"建立空间规划体系并监督实施"的重大部署，开展国土空间规划监测评估预警管理系统的建立，实现上下贯通，从而做到自上而下一个标准，一个体系，一个接口，形成国土空间规划"一张图"，以全程支撑国土空间规划的编制、审查、实施、监测、评估、预警等。为了达成以上目标，保证国土空间规划数据体系中数据成果的标准化和高质量是首要工作。因此，我们必须在制定相应的数据标准的基础上，再制定相应的数据质量检查细则，并配合质检软件来保障数据符合要求。

6.6.2　数据标准

国土空间规划数据标准的制定工作是建立全国统一的国土空间数据体系，形成国土空间全域数字化表达和信息化底版，实现国土空间数字化成果全域覆盖的基础。自然资源部在国土空间规划体系建设伊始，就及时发布了《国土空间规划数据汇交要求（试行）》和《市县级国土空间规划数据库标准（讨论稿）》的初步成果稿，为试点地区的国土空间规划数据体系建设工作提供了指导性意见。

其中，《国土空间规划数据汇交要求（试行）》主要规定汇交到自然资源部的国土空间规划成果要求，包括成果内容、成果文件要求和数据质量要求。要求通过统一成果的汇交内容、文件组织、文件格式、文件命名、数据质量要求，来规范全国各地空间规划成果的汇交，为规划成果的审查、管理和应用打下坚实基础（图6-20）。

《市县级国土空间规划数据库标准（讨论稿）》主要规定国土空间规划建库成果的要求，包括国土空间规划数据库的数学基础、核心数据内容、数据分层、属性数据结构、属性值代码。标准指出，各地在完成国土空间规划编制成果的同时，必须同步依标准完成国土空间规划数据库的建设。此次与以往规划成果提交要求最大的不同，是国土空间规划成果必须提交数字化的空间建库成果，以实现数字化规划审查，加快国土空间规划编制成果的审批效率（图6-21）。

图6-20　国土空间规划成果文件组织示例

一级分类	二级分类	三级分类	四级分类	本标准中是否定义数据结构	备注
规划数据	省级国土空间规划	行政区划			
		基期现状用地			
		城镇体系		是	
		产业布局		是	
		农产品主产功能区		是	
		以国家公园为主体的自然保护地		是	
		国家规划矿区		是	
		海洋保护功能区		是	
		基础设施		是	
		国土综合整治		是	
		生态修复项目		是	
		重点建设项目			
	市、县级国土空间总体规划	行政区划			
		基期现状用地		是	
		城镇(乡)体系		是	
		空间规划分区		是	
		公共服务设施		是	
		市政公用设施		是	
		交通设施		是	
		其他基础设施		是	

图6-21　国土空间规划数据库示例内容

6.6.3   质检规则

基于《国土空间规划数据汇交要求（试行）》（以下简称《汇交要求》）和《市县级国土空间规划数据库标准（讨论稿）》两个标准成果，我们需要建立一套严密的数据质检分类和检查项目，然后结合具体数据，进一步梳理数据成果质量检查的详细规则，以便于在国土空间规划数据生产、自查、验收过程中，有明确检查依据，为国土空间规划数据成果的汇交提供质量保障（图6-22）。

序号	检查分类	检查项目
1	数据完整性检查	目录及文件规范性
2		数据格式正确性
3		数据有效性
4	空间数据基本检查	图层完整性
5		数据基础
6		行政区范围
7		图层名称规范性
8		属性数据结构一致性

检查分类	检查项目	检查内容	检查编码	检查对象	检查方式
数据完整性检查	目录及文件规范性	是否符合《汇交要求》对电子成果数据内容的要求，是否存在丢漏	1101	所有电子数据	自动
		是否符合《汇交要求》对目录结构和文件命名的要求	1102	所有电子数据	自动
	数据格式正确性	是否符合《汇交要求》规定的文件格式	1201	所有电子数据	自动
	数据有效性	数据文件能否正常打开	1301	所有电子数据	自动
空间数据基本检查	数据基础	坐标系统是否采用"2000国家大地坐标系（CGCS2000）"，投影方式是否采用高斯–克吕格投影，分带是否符合《汇交要求》	2101	所有图层	自动
		高程系统是否采用"1985国家高程基准"	2102	所有图层	自动
	行政区范围	除行政区以外的图层要素是否超出行政区范围	2201	除行政区以外的图层	自动

图6-22   国土空间规划数据质检规则示例

6.7　城市空间规划管理信息平台

以空间规划体系为引领，建立空间规划（多规合一）信息平台，因地制宜，科学实施，有序推进，推动中心城市和县镇实现向生产空间集约高效、生活空间宜居适度、生态空间山清水秀发展，实现产业向园区集中、居住向城镇和新型社区集中、土地向适度规模经营集中，努力形成以工促农、以城带乡、工农互惠、产城融合、城乡一体的新型城乡关系。

通过建立空间规划（多规合一）信息平台，可为多部门的业务决策提供统一的数据参考，并将规划数据融合成果实时共享给各部门，实现空间资源的合理分配、利用及监控。同时平台具备开放的集成能力，持续运营不受空间规划体系的变化所制约，可便捷接入其他城市管理部门的业务信息，为规划体系编制提供更丰富的信息参考，以提高区域空间规划体系的科学性。

通过建立空间规划的规划体系，可以解决整体利益与局部利益的矛盾，长远利益与短期利益的矛盾，从而合理进行资源配置，提高城乡资源利用效率，优化城乡二元结构统筹发展体系。

6.7.1　规划数据管理系统

在平台上基于统一的底版数据进行规划的协同编制，跨部门汇集规划、数据共享，强化规划的"可读性"，让各部门相互共享"看"到规划，共享规划，便于各部门间"多规合一"以及数据的联动更新。主要内容包括：

1．空间规划编制

平台提供对部门规划数据进行坐标转换、格式统一，支持开展资源环境承载力评价和国土空间开发适应性评价，基于评价结果实现对空间规划三类空间的范围划定，辅助规划数据的冲突检测，差异协调处理，以及规划成果的联动更新，提交成果统一检测冲突，最终成果统一入库管理。

2. 规划成果管理

实现空间规划基础地理信息数据、规划编制成果数据、审批管理数据、规划现状数据及其他相关数据的数据检查、数据修改、入库及动态更新管理等。支持规划成果地图浏览、数据管理、历史数据管理、查询统计、空间分析、地图输出、安全管理、数据交换等功能。

3. 规划成果展示

实现空间规划成果数据、各部门的规划成果数据、空间规划差异分析数据等成果数据进行统一展示，提供基础的信息查询，图形缩放、平移等功能。

4. 规划成果统计

根据空间规划工作需要，系统提供按任意范围、行政区划范围等条件对空间规划总图、多规之间、多规差异图斑数量、涉及面积等进行统计，以表格、柱状图、饼图、专题图等多种形式直观展示统计情况。用户可以根据需要选择图文并茂的统计结果进行自动输出。

5. 规划成果共享

支持与发改、国土、住建、规划、农业、林业、交通、水利等部门业务系统进行空间数据信息共享与交换。建立基础地理信息数据、空间规划编制成果数据、规划现状数据、规划业务审批资料数据及其他相关资料数据等空间规划（多规合一）数据资源目录，实现数据共享（图6-23）。

6.7.2　规划业务协同系统

通过项目审批流程再造，实现投资项目在线并联审批、业务协同，达到简化审批流程、提高行政审批效率的目的。通过规划策划生成项目，以项目的落地促进规划的落实，使各类空间规划能够"用"起来。主要内容包括：

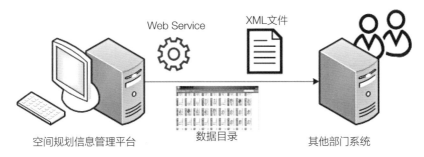

Web Service　XML文件

空间规划信息管理平台　　数据目录　　其他部门系统

图6-23　基于Web Service服务模式的数据共享交换

1. 项目预生成

实现项目未进入审批阶段的前期策划、准入及评估的协调管理工作。项目在未进入正式审批之前，平台提供各部门可从不同的角度进行交流、沟通、会商的功能，提前发现项目的各种问题和矛盾，方便问题尽早解决。可通过建设规模、用地指标、用地性质等条件实现项目预选址，使项目能够获得快速、高效的评估和策划，推进策划生成的项目可决策、可落地、可实施，为项目的后续审批提速创造条件。

2. 项目并联审批

通过审批流程再造，改变以往"串联式""人工跑"项目审批的方式，支持多部门项目审批业务在线协同审批，实现审批全流程跟踪督办和审批时限控制；辅助各部门完成项目合规性检查，实现各部门在线同步审批办理，落实"整合流程、信息共享、一窗受理、并联审批、跟踪督办、限时办结"的投资项目在线审批新机制，从根本上解决项目落地困难、报建流程繁琐、审批耗时过长、规划相互"打架"等问题，提高规划项目的落地率，更好地服务于"放、管、服"。

3. 合规性检测

通过信息平台辅助各规划部门进行投资项目是否符合规划的检测，帮助审批人员判断申报项目的选址地块与现有的各类规划是否相符，是否突破了相关的控制红线，并形成相应的检测报告，辅助项目顺利地落地实施。

4. 公众服务

提倡公众参与，通过门户网站、手机移动端等面向企事业单位、个人等提供投资项目在线申报、材料上传、审批结果实时获取，同时将县空间规划（多规合一）的相关工作成果、新闻动态、项目审批信息、各类规划现行政策法规及时发布，便于公众通过便捷的渠道获取信息，共享规划成果。

6.7.3 规划综合管理平台系统

通过平台对规划进行指标管控、评估考核和信息反馈、规划管理、平台运维，对各类规划实行数字化管控，管住各类规划，避免规划纸上画画、墙上挂挂，强调规划的刚性、约束性。主要内容包括：

1. 项目全流程管理

以项目为单位，以项目周期（规划、在批、在建、建成）为主线，辅助以区域、类别等信息对项目进行管理为主线，支持项目信息带图入库、编辑、更新、审批、导入、导出、分类管理等功能，同时对项目信息、进度进行查询、监督管理，实现建设项目在批、在建、实施、建成全生命周期的信息统一管理。

2. 规划综合监管

对各部门的项目审批业务行为进行监督、检查，对部门规划成果和下位规划成果进行监督和合规检查，对规划指标体系、规划实施情况进行实施监控，实现行政许可的办理过程达到"看得见，管得住"，进而提高各部门行政办事效率，提高行政透明度。

3. 平台管理运维

基于相关安全保障要求与机制，实现各规划部门数据的保护与管理，有效规避系统安全风险；以及为县空间规划（多规合一）信息平台稳定运行提供部门、人员、权限、审批流程、环节、材料配置等运维管理。

6.7.4　城市仿真辅助决策系统

1. 城市实况转播

充分集成各种监控设备、多功能信息杆柱、充电桩、井盖、垃圾桶、路灯等传感器数据，实现城市地下、地上三维空间的各种数据画像（视频、照片、音频、动态指标），任意切换空间位置和数据类型，实现全域感知设施和智能终端等城市部件"一张图"可视化展示。

比如：三维空间中实时模拟城市交通实况，获取车流、人流、停车位等信息。

比如：三维空间中实时模拟公共活动场所，广场、车站等区域的内外环境指标、人流数据、车流数据、设施状态等。

比如：城市地下管网运行数据的实时获取展示，解决民生工程中突发事件的应急辅助决策等（图6-24）。

图6-24　城市实时监控界面示意

2. 城市环境仿真分析

仿真系统要把一般用眼睛直接观察不到的空气等的流体及其温度分布，通过可视化技术使其变为容易理解的数据。城市环境仿真分析要包括风环境、水环境、污染物扩散等计算流体力学仿真内容。基于流体力学进行的仿真计算可以计算的内容是风环境预测、污染物扩散的预测、城市规模热岛预测、水环境水资源的预测以及城市预防水灾能力预测（海绵城市）。

具体要求实现的功能需求（包括但不限于）见表6-1。

城市环境仿真分析功能需求 表6-1

模块	功能	描述
城市环境仿真分析	风环境预测和污染物扩散的预测	包括风环境信息展示和超标报警功能、空间分析功能、扩散模型模拟展示功能等
	城市规模热岛预测	包括数据分析模块、城市热岛信息提取与分析功能、城市热岛规划分析与优化功能、辅助决策图编制功能等
	水环境、水资源预测环境风险控制与预测	包括水环境三维场景漫游功能、空间量算功能、水体污染物扩散等计算流体力学仿真功能
	城市数字空间大数据关联模块	与城市数字大数据支撑平台对接UI功能

3. 城市内涝仿真分析

城市仿真系统要对城市的水环境进行仿真，考虑洪水、暴雨等特殊条件下对城市的影响，考虑下水系统出现故障时的水位影响，考虑干旱时河流湖泊的水位变化，并根据分析结果提出应急改进方案。

具体要求实现的功能需求（包括但不限于）见表6-2。

城市内涝仿真分析功能需求 表6-2

模块	功能	描述
城市内涝仿真分析	城市水系统、水土保持数据模拟	包括水系统信息展示和超标报警功能、空间分析功能、水土保持模拟展示与分析功能等
	水灾害城市地下浸水模拟	包括城市地下浸水数据分析模块、城市水灾害分析模块、水淹时间与空间风险与绘图编制功能等
	城市洪灾预测与大规模洪灾模拟	包括城市内涝三维场景展示功能、空间矢量风险、危险区域标注、洪灾污染物扩散等计算流体力学仿真功能
	城市内涝计算仿真	基于计算流体力学（CFD）构建城市内涝数据模型，展示与科学决策功能
	城市数字空间大数据关联模块	与城市数字大数据支撑平台对接UI功能

4. 城市预警

城市预警有直接预警与评估预警两种。

直接预警是指城市资源与人口之间的刚性矛盾的预警，这种预警是直接性的问题的暴露。比如土地资源和人口增长规模的空间预警，人口规模和交通负荷的矛盾预警等。

评估预警是根据城市现状和运行数据与城市运行规划设想的指标进行对比，超出预期则报警。评估预警是按照某一种理想的模型将未来可能出现的不利情况预先报警，有利于分析和寻找城市规划和建设的误区，修正城市建设发展过程中的问题和缺陷。

5. 城市体检评估（图6-25）

围绕着人口社会、产业经济、国土规划、公共服务、交通体系、生态环境、市政设施、空间形态各项指标进行分析，评估城市现状的运行情况。

城市体检的本质是通过指标和交叉指标分析检查城市土地、建筑、人口资源的缺陷（分布、规模、功能等），挖掘城市三大设施的服务能力、服务潜力、瓶颈等。

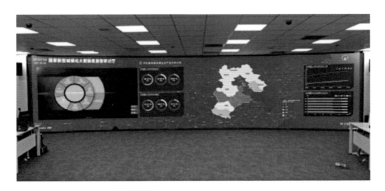

图6-25　城市体检评估界面示意

6. 城市规划评估（图6-26）

城市规划评估是将规划实施结果和规划目标之间进行分析比较，寻找偏差，评价规划方案的实施效果。

城市规划评估是一个中长期的评价过程。需要跟踪规划实施的动态数据。

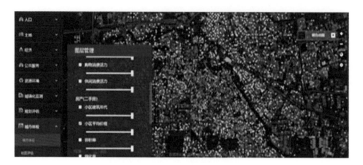

图6-26   城市规划评估界面示意

规划评估有单项评估，比如土地资源的投放效率；也有综合评估，比如城市活力指数。

7. 城市治理辅助决策

城市治理辅助决策是CIM云平台的体检、评估、预警算法的综合运用模块，将城市现状、运行、规划数据结合起来，运用专业科学的模型推演城市遇到的问题的解决方案。

比如：土地更新潜力分析。

根据研究范围内的现状倾斜摄影模型精准计算建筑量，结合运行数据计算现状承载的产业、人口等，将土地的现有价值估算明确。

根据该区域的规划方案，结合该区域社会经济运行数据，预测该空间未来产业的价值和承载力。

计算拆迁成本和建设成本。

综合计算土地更新的价值（图6-27）。

图6-27   土地更新潜力分析界面示意

8. 仿真数据管理

仿真的发展方针是基于大数据得以发展，又反过来推动大数据的发展和整合。大数据管理是城市仿真系统的基础，是对工程数据、模型数据、场景数据等数据的管理。仿真数据管理可以对接城市的数字空间与基础数据库，并组织城市关于发展规划、城市地形地貌、城市现状、规划前景等大量信息数据，以此为基础构成仿真数据基础。除此外，仿真数据管理充分利用现有大数据的有关数据，管理体系，物理体系，推动大数据系统和仿真系统相结合，构成城市的有效决策辅助平台。

具体要求实现的功能需求（包括但不限于）见表6-3。

仿真数据管理功能需求　　　　　　　　　　　　　表6-3

模块	功能	描述
仿真 数据 管理	仿真工程管理	追求大数据平台对工程数据进行管理维护
	仿真资源管理	追求大数据平台对城市资源数据进行管理维护
	属性管理	对模型属性进行管理维护，输出到大数据平台进行管理
	场景管理	对场景数据进行管理维护，输出到大数据平台进行管理
	数据库设置	提供可视化的方式对数据库基本信息维护
	数字空间管理	强化城市大数据和仿真数据的联系、管理与维护

6.8　空间规划数据库

空间规划数据库应包括：基础数据库、空间规划编制成果库、规划现状库、建设管理数据库、城市运行数据库、楼宇运营数据库。

6.8.1　基础数据库

基础空间数据库与"地理信息公共服务平台"数据共享。基础空间数据中的建筑数据不能满足城市运行的需要，建设数据需要额外采集部分信息。

基础数据中的三维现状模型，必须单体化到单一建筑，且城市部件位置准确，信息完整。如果不达标，需额外增加费用进行数据处理。

因此基础数据库中需包括基于倾斜三维模型进行建筑几何特征语义提取、室内分层分户语义、单体模型制作等工作，给城市时空数据语义化，即对时空数据进行加工处理，使其所包含的信息可以被计算机理解。大数据环境下，只有将时空数据进行语义化处理之后，才能更快速、准确地提取到所需要的信息。需要将多元、异构和多模态的时空大数据，以共识本体库属性定义为基础，组织形成庞大的、结构化的数据语义网络，保证数据的无歧义理解和良好结构化表达，实现可量化索引，从而更好地服务于智慧城市建设。平台对基础空间数据的要求更新周期小于等于一年。

6.8.2　空间规划编制成果库

空间规划编制成果库的建设包括资料收集、数据转换、数据编辑、数据质检、数据入库，如图6-28所示。

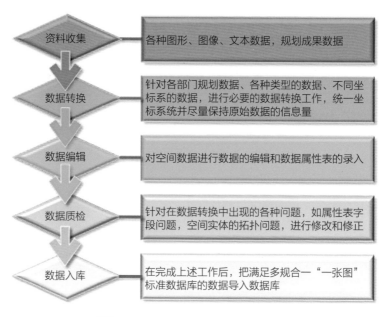

图6-28　空间规划编制成果库建设流程

6.8.3　规划现状库

规划现状数据库与规划管理应用数据库共享。

6.8.4　建设管理数据库

建设管理数据库中资质、企业、持证人员管理等数据库与建设行政主管部门的相关应用系统数据共享，施工管理中的数据需要BIM数据建设，来源于设计成果数据库中的施工图层级的BIM模型等。

6.8.5　城市运行数据库

城市运行数据库应包括建筑、设施、社会、人口、经济、交通、人居环境等数据。其中，设施数据主要来自建筑和城市部件的普查或者市政管线的普查，其中三维数据包括三维空间语义、轻量级BIM、BIM、体块四种数据。社会和人口类数据主要来自于统计和大数据分析。经济类数据主要从工商、税务、统计等方面采集并空间化。交通运行类的数据则来自于城市政府的交管部门和大数据分析。人居环境类数据就需要运用综合的方式来采集和处理。楼宇运行类的数据则需要依靠社会经济类数据。

6.8.6　楼宇运营数据库

楼宇的轻量级BIM模型，设施设备参数、水热电气的运行数据、入住企业个人基本信息，变动信息、租售信息等。

6.9　国土空间规划辅助审查要点与设计

国土空间规划辅助审查系统服务于国土空间规划审查工作，包括成果的技术性审查和规范性审查，强化"以业务规则驱动"的辅助审查手段，从"国家—省—市—县—乡（镇）"逐级满足自上而下的包括目标定位、指标控制、边界管控、名录管理等方面的传导性审查和刚性审查，形成了一套基于审查要点逐条审核的成果审查方式。

6.9.1   规划审查定位和意义

规划审查作为"规划编制—规划审批—规划实施（用途管制）—规划监督"的业务闭环的重要环节之一，向上承接阶段性规划编制成果的技术审核，确保法定规划的科学性，向下指导规划强制性内容的刚性传导，以及规划指标的分解和落实（图6-29）。

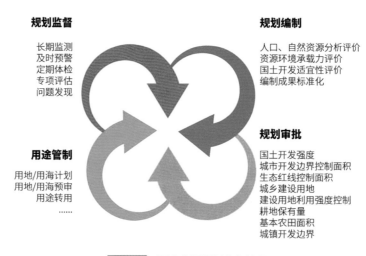

图6-29 国土空间规划业务流程

图片来源：上海数慧系统技术有限公司

6.9.2   技术性审核要点设计

结合我国各类空间性规划编制遵循的"指标控制—边界（分区）管制—名录管理"基本思路以及规划编制成果的审核要求，国土空间规划成果审核内容主要包括两个方面，即技术性审核和规范性审核，其中技术性审核可细分为指标控制类审查、边界管制类审查以及名录管理审查。

1. 指标控制类审查

根据指标数据的来源不同，具体可分为指标符合性和图表一致性。指标符合性，主要考察当前规划对上位各类空间性规划管控指标的分解和落实，通过对比指标上报值和规划参考值；图表一致性，主要考察当前规划成果指标的图表前后一致性，通过对比指标上报值和图上实测值。例如各市（地、州、盟）分解落实上位省级国土空间规划确定用水总量、建设用地总规模、永久基本农田保护面积、生态保护红线规模、重要江河湖泊水功能区水质达标率等主要约束性指标的符合性和一致性审查。

2. 边界管制类审查

根据数据来源和审查规则的不同主要分为两类，空间边界类和用途管制类。空间边界类，侧重考察空间边界冲突和面积压盖情况。以"三区三线"空间管制分区为例，首先考虑本级规划的城镇开发边界、永久基本农田与生态保护红线之间的边界冲突和面积压盖情况，其次是上位规划划定的"三线"是否在本级规划落实。用途管制类，侧重考察空间布局的管制分区与用途准入。根据《自然生态空间用途管制办法（试行）》，生态保护红线原则按照禁止开发区域的要求进行管理，生态保护红线外的生态空间，原则上按限制开发区域的要求进行管理，因此城乡建设、工农生产、矿产开发、旅游康体等活动的规模、强度、布局要求必须满足生态保护红线划定生态空间的用途准入管控要求（图6-30）。

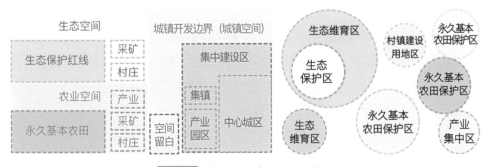

图6-30　"三区三线"空间边界管控

图片来源：上海数慧系统技术有限公司

3. 名录管理审查

主要是核查当前规划编制内容是否涵盖相关规划制定的名录管理要求，例如主体功能区规划中重点生态功能区、农产品主产区、城镇化地区名录等，以及湿地保护、防沙治沙等专项规划中重点工程名录。

6.9.3　规范性审核要点设计

规划成果图文内容规范性审查主要包括两个方面。首先核查成果内容是否符合国家或相关标准规定，例如核查文本内容是否完整、用词表述是否准确、专题制图是否规范；另一方面则是重点检查规划成果自身是否存在前后不一致、自相矛盾的问题。除此之外，对于报批阶段的成果还需核查各阶段规划审核意见的采纳、落实情况，避免存在各阶段规划修改后成果前后不一致、未经论证、没有充分依据以及对审核后的内容自行随意调整的问题。

6.9.4　规划审查涉及技术难点

围绕审查要点的设计，建设规划审查系统的核心需要具体解决"怎么管"和"怎么算"的问题。

"怎么管"需要解决数据源从哪来、该怎么管的问题。考虑指标分层分级的特性，对规划审查涉及管控指标进行汇总和分解，自上而下构建"国家级—省级—市级"多级指标管控体系。对于规划成果体系，纵向贯通"国家—省—市—县—乡（镇）"五级，横向实现规划成果多版本、多轮次审查信息的全生命周期管理，确保每一次规划审查上报的标准成果包，规划审查参考的审查依据，以及规划辅助审查生成的审核报告都能够记录在案。

"怎么算"则需要考虑审查规则如何实现计算机自动识别、计算，运用模型引擎管理技术，建立国土空间规划审查模型库，将自然语言描述的审查要点转换为结构化规则，便于计算机能够直接识别，通过对规则的组装、配置，实现规则的多样性和灵活性，使得规则模型和规划需求本身的脱离，即可在零代码修改情况下应对业务的变更。

6.10 国土空间规划指标管控与管理

在国土空间规划编制、审批、实施和监督的全业务环节中，指标反映了规划的核心目标、管控要求和发展思路，是建立国土空间规划实施监测、评估和预警体系的核心内容，也是落实国土空间规划指导约束作用的重要抓手。通过国土空间规划监测评估预警管理系统的建设，搭建支撑指标管控的应用系统与管理系统，是实现规划指标的数字化管控，建立可感知、能学习、善治理、自适应的智慧型规划的重要基础。

6.10.1 国土空间规划指标体系

国土空间规划指标的传导与管控应包括"一纵、一横、一环"三个维度：

（1）纵向上：由全国国土空间规划确定目标和指标，对三线规模、耕地保有量、建设用地、用水总量等核心管控的约束性指标进行总量控制和分解下达，层层传导至省、市县和乡镇，指导约束下级国土空间规划编制，建立分层分级的指标体系，并实施监督。同时，在国土空间规划编制过程中也可采用"上下沟通"的工作方式，即地方也对上级下发的指标体系及核心规模指标进行校核反馈，最终由上级统筹优化，从而实现规划编制阶段的纵向传导和协调统一。

（2）横向上：通过国土空间规划制定的目标指标，对相关部门及各类专项规划的编制与实施起到指导约束作用。

（3）环向上：从规划编制制定、分解指标，规划审查、核查上下位规划目标指标一致性与分解落实情况，到监督、评估并反馈指标实施落实和预警情况，最终，将指标监测评估预警的结果作为规划的修编、计划的制定、指标的修订调整的重要决策依据，形成指标传导管控的业务闭环（图6-31）。

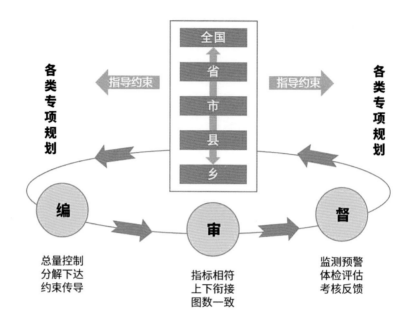

图6-31   国土空间规划指标传导管控体系认知

图片来源：上海数慧系统技术有限公司

6.10.2   落实指标体系传导管控

国土空间规划监测评估预警管理系统的建设是支撑国土空间规划编制、审批、实施、监督全过程，实现规划数字化生态并推进国土空间数字化治理的重要基础。因此，系统的建设应与建立国土空间规划体系并监督实施的管理需求相匹配，通过建立辅助编制、辅助审查及监测评估预警等子系统，在编、审、督各环节辅助落实国土空间规划指标的传导与管控要求。

1. 规划编制

在规划编制阶段，通过辅助编制系统建立自然资源现状分析评价、资源环境承载能力与国土空间开发适宜性评价（双评价）模型，辅助国土空间规划基础评价，为规划编制摸清现状、发现问题、识别风险、预判趋势提供基础支撑，为规划制定目标指标、划定三线、确定规模提供决策依据。

2. 规划审查

在规划审查阶段，通过辅助审查系统，建立规划指标审查规则与模型，从指标符合性（如耕地保有量等约束性指标是否按照上级规划要求明确落实指标的规划目标并分解下达）和图数一致性（如三线等需要图数管控的指标核对其规划上报值与图上实测值是否一致）两个方面审查下级规划是否满足上位国土空间规划的指标传导管控要求。

3. 实施监督

在规划实施监督阶段，通过监测评估预警系统，对国土空间规划实施进行动态监测和及时预警。一方面，对国土空间规划指标现状、实施情况、趋势与分布变化进行全面监测，反映国土空间规划实施情况及国土空间运行体征；另一方面，针对核心约束性及分级传导管控的指标，基于全国—省—市县各级监督事权，重点监测指标总量分解下达及下级目标执行情况，并通过制定预警规则，建立预警评价模型，对本级与下级执行情况差、已突破或将要突破目标任务的指标进行分级预警。监测预警结果将作为动态评估规划实施情况、及时调整规划实施计划、考核问责规划实施责任主体以及对规划及其目标指标进行修编的重要依据。

6.10.3　国土空间规划指标管理

构建国土空间规划监测评估预警指标体系是支撑规划传导管控与监督实施工作的前提。指标体系需根据国家—省—市县规划与管理事权分层分级建设，支撑指标的传导管控，以及对国土空间规划实施、国土空间开发保护和运行体征的实时监测、及时预警和多维动态评估。因此，指标本身的建设与管理应满足国土空间要素全覆盖、基础数据及指标计算可落实、指标体系按业务和管理需求可定制等基本要求，从而在规划编、审、督各环节实现对指标制定的决策支撑、指标传导的审查校核和指标实施的监测预警。

在全覆盖、可落实、可定制的基本要求下，通过信息化手段，建立指标管理系统，构建国土空间规划指标库，对指标进行分层分级、多维立体的统一管理和存储就显得尤为重要（图6-32）。

指标
名称、定义、单位、属性
适用空间范围、监测周期
数据来源、计算公式、预期方向、评估方式

指标体系
安全、和谐、开放、协调、富有竞争力、
可持续目标导向、问题导向、实施导向
监测、预期、体检、评估
……

指标值
监测值：现状与历史、本级体检及下级上报、定期
导入与动态计算、调查统计与大数据
规划值：上位分解、本级规划、下位传导
标准值：预警标准、国家标准、行业标准
……

多维立方体
全国—省—市—县—乡
年—季度—月—周—日—时
用地分类、人口结构、产业结构

图6-32 指标管理逻辑框架
图片来源：上海数慧系统技术有限公司

1. 定义指标与指标体系：要素全覆盖、按需可定制

通过指标管理系统，建立国土空间规划指标及指标体系，定义指标含义、指标属性、计算方法、预期方向、评估方式等，明确各项指标的管控方式与要求，并根据管理和应用需求的不同构建指标体系。

2. 构建指标多维立方体：指标可传导、维度可组合

建立指标多维立方体模型，根据指标在全国—省—市—县—乡分层分级的管控要求，划定指标的时间（在何时管控：每年、每月）、空间（在何地管控：国家级指标或是分级传导指标）以及业务维度（以何类管控：建设用地总规模或是城乡建设用地子分类），并对指标在本级规划的基期值、目标值、监测的现状值与评价的标准值，上位规划分解值与下位规划上报值，上级监测评估值与下级体检上报值，指标的传统统计来源与新数据来源等进行多维度、多版本、分类分级管理与存储，满足指标分级传导、监督监管的需求。

3. 配置指标计算模型：指标可计算、监管可落实

建立指标与模型的关联，配置指标监测计算模型（或建立指标来源关联）及指标预警评价模型，定期或不定期地进行数据导入、抽取、指标计算和预警评价，支撑国土空间规划指标的多维分析、自动审查、动态监测预警和定期体检评估。

第三篇
支撑篇

- 泛用技术
- BIM技术、CIM技术与新型智慧城市
- 智慧城市标准与评价

第7章 泛用技术

7.1 智慧城市与物联网技术

7.1.1 概述

物联网（Internet of Things）是在互联网基础上延伸和扩展的网络，它通过各种信息传感设备把物品与互联网结合起来形成一个巨大的网络，实现在任何时间、任何地点的智能化识别和管理以及物与人、物与物的互联互通。物联网是一种具有监控管理、跟踪定位、智能识别的智能网络技术。随着智慧城市的发展，物联网在推动智慧城市建设中的重要作用日益彰显。

相比于传统的互联网技术，物联网技术具有如下优点：首先，物联网技术融合了多种感知技术和设备，针对不同类型的传感器所代表的信息源，可自动对采集的信息予以更新，并遵循一定的频率和周期实现信息的再次采集。其次，物联网技术是以互联网技术为依托，与互联网技术有效融合，通过有线和无线网络准确传播信息。最后，物联网技术利用云计算、人工智能等技术智能处理分析通过各种不同传感器采集的海量信息，实现对物体的智能控制。

物联网技术的架构通常可以分为感知层、网络层和应用层。感知层是物联网技术获取信息的基础层，相当于人的皮肤和五官。它主要通过RFID（射频技术）、摄像头、GNSS、传感器、终端等技术和设备采集各种信息，并通过Zigbee、蓝牙等短距离传输技术发送到网关设备。网络层是物联网技术架构的中间层，相当于人的神经系统和大脑。

网络层把感知层传递来的信息通过互联网技术和移动通信技术实现信息高速、无误的远距离传输，并在传输过程中对信息进行数据处理，为应用做铺垫，确保信息的可靠性和准确性。应用层位于物联网技术架构的最顶层，它可以对网络层传递的信息进行智能分析和处理，实现对外部设备的智能控制和科学决策，并为用户提供一系列具体的应用服务。

7.1.2 物联网技术在智慧城市中的应用

物联网技术渗透在新型智慧城市建设的各个领域，通过红外传感技术、射频识别技术、卫星定位技术等高新技术推动新型智慧城市的建设和发展，并在智慧社区、智慧交通、智慧能源、智慧医疗等多个智慧城市领域得到了广泛的应用。

1. 智慧社区

物联网技术通过与移动互联网、云计算等技术融合，为智慧社区建设信息化社区服务管理平台提供了便利的条件。智慧社区建设过程中的多种物联网设备，如楼宇门禁系统、停车场识别设备、社区监控系统等，在移动互联网和云计算技术的支持下，为社区居民营造了安全智能的生活环境。智慧社区服务管理平台不仅为居民提供生活缴费、维修管理等便捷服务，同时为社区物业管理者提供采购和管理等方面的服务。智慧社区中的智能建筑可通过物联网传感器为居民提供舒适节能的温度、湿度和灯光，提升居民生活幸福感。

2. 智慧交通

在智慧交通领域，基于物联网技术的传感设备可以及时采集传递道路、汽车、行人的相关信息，实时反映道路拥堵情况和车辆及行人的方位及其移动状况，对交通信号灯进行智能控制，避免道路拥堵情况，降低交通事故的发生概率。一旦发生紧急情况时，智慧交通系统可以及时连接救援中心，并为救援车辆提供便捷通畅的路线，提升救援效率。此外，基于物联网技术的智慧停车系统可以实时反映停车场的车位情况，有效缓解城市停车难的问题，提高停车场资源的利用率，提升停车场的管理水平，方便市民出行。

3. 智慧能源

能源是智慧城市发展的重要基础之一，如何节约能源、提高能源利用效率对于智慧城市建设至关重要。电能作为人们生产、生活不可缺少的一种能源，拥有巨大的节能空间。物联网技术在智慧电网的建设过程中发挥了重要作用：物联网设备可以观测电能使用情况，监控供电与用电设备；对供电和用电大数据进行挖掘和分析，实现智慧决策。在新型智慧城市建设中，基于物联网技术的智慧电网可以增强城市电网系统的稳定性，使电网系统更加高效地运行，降低能源消耗，为居民提供优良的用电保障。

4. 智慧医疗

物联网技术在智慧医疗中具有重要作用，通过与大数据、云计算等技术融合，可促进医疗设备之间的信息互通和传递、为医生提供便捷的检索服务以及为居民提供个性化的个人健康服务等。基于物联网技术和云计算技术的智慧医疗可以高效、准确地传输数据并实时监控患者的健康状况，提高医生诊断的效率和医疗资源的利用率。

7.2　智慧城市与云计算技术

7.2.1　概述

云计算目前尚无统一的标准定义。总的来说，狭义的云计算技术指的是通过使用可扩展的方式获取网络基础设施和使用模式来提供所需的资源。广义的云计算技术强调通过网络获取信息服务，云计算数据中心将硬件和软资源形成巨大的资源池，通过互联网提供虚拟化资源。无论是何种定义，云计算技术都是整合所有的资源放在云端，用户可以通过无处不在的网络采取按需的自助模式获取资源并进行分析计算。

云计算技术主要由基础设施云层、平台云层和应用云层组成，并为用户提供软件即服务（SaaS）、平台即服务（PaaS）、基础设施即服务（IaaS）三个层次的服务。软件即服务由服务商在服务器上部署统一的应用软件，并通过互联网将软件提供给用户。平台即服务由云计算服务平台为用户按照一定的规则配置处理器和内存数量，以便用户开发和部署自己的应用程序。基础设施即服务由服务商根据用户需求动态分配存储、网络和计算机等资源，并实时监控和回收利用。

7.2.2　云计算的关键技术

云计算关键技术主要包括虚拟化技术、快速部署技术和资源调度技术。

虚拟化技术是支撑云计算技术的关键技术之一，根据其不同的资源类型，可以分为系统虚拟化、服务器虚拟化、计算资源虚拟化等。系统虚拟化使物理主机与操作系统分离，能够在一台物理计算机上执行一个或多个虚拟操作系统。服务器虚拟化通过在一台服务器上运行不同的操作系统和应用程序，提高服务器使用效率。计算资源虚拟化通过虚拟化技术对物理资源抽象化，并掩盖不同物理资源的差异，在云计算环境下提供科学和实用的解决方案。

快速部署技术是云计算技术的一项重要功能。云管理程序需要根据用户提交的资源和应用程序的需求，集合不同层次的云计算部署模型和环境以及各种形式的软件系统结构，快速分配资源给用户。并行部署和协同部署技术作为可以运用在自动化部署过程的物理解决方案，可以加快部署过程，提高部署效率。

资源调度技术根据云计算环境中的资源使用规则，调整不同资源上的任务分配情况，实现资源负载均衡。通过对云计算环境中的节点进行统一管理和分配，并对资源进行合理的调度及预分配，可以充分高效地利用资源，提高服务质量。云计算资源调度主要从性能、服务质量、资源利用率等方面设计合理高效的资源调度策略。

7.2.3　云计算技术在智慧城市中的应用

云计算技术拥有的虚拟化、可扩展性和快速部署等特点可以解决智慧城市建设中的大规模分布式数据管理、应用集成服务等问题，助力智慧城市的建设和发展。云计算技术为智慧城市的基础设施建设和智慧城市建设中的各种智慧应用场景提供支撑和服务，有效降低智慧城市建设成本，提高资源利用率。

政府管理平台以云计算技术为基础，及时响应居民需求，为居民提供便捷的自助服务，提升政府部门工作效率，是智慧城市建设的核心力量。智慧医疗通过云计算技术建立和存储公共卫生信息网络和居民个人健康档案，为医生提供便利的检索和电子处方发布等服务，为居民提供个性化的医疗保障和提醒服务。在金融业务方面，云计算技术与无线宽带、5G等技术融合，实现移动支付和个性化信息推送等服务，方便居民购物和交易。除此之外，工业、能源、经济、社会等各领域通过应用云计算技术，可以促进各行业的发展，同时促进智慧城市建设，使智慧城市的发展更聪明高效。

云计算数据中心是智慧城市建设的重要内容，合理利用云计算技术和物联网技术，不仅可以为我国新型智慧城市建设提供有效的技术支持，还可以加快新型智慧城市发展速度，推动智慧城市可持续发展。

7.3 智慧城市与新兴技术

7.3.1 人工智能

当前，作为新一轮产业变革的核心驱动力，人工智能不断释放出巨大能量，引发链式突破，推动经济社会各领域从数字化、网络化向智能化加速跃升，形成从宏观到微观各领域的智能化新需求，催生新技术、新产品、新产业、新业态、新模式，引发经济结构重大变革，深刻改变人类生产生活方式和思维模式，实现社会生产力的整体进步。

人工智能相较于人类有以下优势：

（1）可以作为其他系统的人机接口，比如手写识别——发短信，人脸识别——手机支付；

（2）可以通过使用传感器和大数据进行海量分析，比如天气预报、自动驾驶、红绿灯优化；

（3）具有相对稳定性和传承性，比如语音测评、海关检测；

（4）可以不知疲倦地工作，客服质检、视频监控、语音监控、语音合成。

以上人工智能这些优点，加上随着物联网、大数据等技术的发展，人工智能逐渐与城市建设发展相结合，智慧城市就成为以人工智能为代表的新一代信息技术应用的重要载体。智慧城市的发展与建设需求推动着信息技术的不断突破与创新，反过来信息技术也促进智慧城市建设。

人工智能技术在人们的生活以及产业发展方面的应用不断深入，进而推动着城市的迭代更新。目前人工智能主要有三种落地应用方式：

（1）人机交互应用：通过使机器变得更聪明，让机器能够听懂人说话、看懂人的表情和手势等，实现人机交互；

（2）智能学习应用：通过向行业专家学习，实现对人们日常生活中重复性高、创造性低的体力活动、脑力活动的支撑、帮助甚至是替代；

（3）复杂系统应用：在结合互联网、大数据的基础上用人工智能算法实现复杂系统操控并优化问题，达到超越人类本身智力的能力。

目前，人工智能已经在智慧城市建设中发挥了不小的作用，比如在城市运营方面，人工智能的应用包括：评估人工智能技术在复杂城市环境下的风险，评估城市建设发展的安全、辅助决策等；在城市管理方面的应用，包括城市大脑就是基于人工智能技术进行的研判与预警。虽然人工智能技术与城市建设的结合现在还处于探索阶段，但随着两者不断融合深入，未来在人工智能的驱动下，将会诞生更多在城市建设领域应用的新场景，推动城市功能优化、产业创新升级，最终形成一个人机协同、生态多元的可感知、会思考、能反应的有机城市系统。

7.3.2 边缘计算

边缘计算是一种使计算机数据存储更接近需要的位置的分布式计算模式，其将促进应用程序、数据和计算能力（服务）更靠近用户，而不是更靠近集中点。边缘计算的目标主要是更接近物理世界交互和近分布式系统技术的动作源的应用程序或一般功能。边缘计算与云计算不同，边缘计算更多指的是网络边缘的分散数据处理开放平台。

边缘计算的特点和优势让其允许在设备本身而不是大型数据中心，即时地去处理和分析大量数据。数字化的技术本就是智慧城市的核心，这些技术的产生应用为城市转型提供了支撑。边缘计算提供了一种新的分散化方法，可以抓住机遇并应对城市转型所带来的风险。

边缘计算能够为智慧城市建设提供高效的网络计算体系架构，构建网络、计算、存储、应用核心能力为一体的边缘开放平台，提供高效低时延的近端用户服务。

建设智慧城市的目的是通过收集有助于城市决策的数据，以优化交通、能源分配和向居民提供的服务。整个城市本身产生的海量数据提供了大量关于其居民行为、习惯和需求的数据。所以，边缘计算在智慧城市建设发展中有很多应用，比如交通管理中的互联汽车，通过利用边缘计算向城市中寻求汽车数据实时分析的相关组织提供关键信息，达到更好的实时预测和路线的准确性，可以大大减少城市交通拥堵。也可以通过边缘计算这些丰富的数据来辅助城市规划人员根据交通状况设计和调整城市道路；在电子交通服务方面，比如在发生严重车祸的情况下，边缘计算可以处理车辆数据，并向当地服务部门发出事故警报；在数据处理分析方面，边缘计算可以降低网络拥塞的风险。通过将边缘计算部署在更靠近数据生成的位置来减轻网络拥堵和数据无法及时得到处理的问题。

边缘计算的应用领域远远不止以上的几个应用场景，其还可以应用到经济社会中的方方面面，例如新零售业、金融业、能源领域等城市建设发展方面。边缘计算正在引领城市建设发展的未来，新时代将会产生更多的数据，也将进一步促进边缘计算的发展。

7.3.3　智能网联

2021年2月24日中共中央、国务院印发了《国家综合立体交通网规划纲要》（简称《纲要》），《纲要》提出，要推动公路路网管理和出行信息服务智能化，完善道路交通监控设备及配套网络。推动智能网联汽车与智慧城市协同发展，建设城市道路、建筑、公共设施融合感知体系，打造基于城市信息模型平台、集城市动态静态数据于一体的智慧出行平台。按照《纲要》的规划，到2035年智能网联汽车（智能汽车、自动驾驶、车路协同）技术将达世界先进水平。

一个以人为本、科技驱动、面向未来的智慧城市，就应大力推动智能网联汽车车路协同在城市规模化的应用。

推动智能网联汽车技术可以通过建设智能基础设施和新基建，为市民带来更加便捷高效的出行服务；也可以通过构建智慧城市大脑，为城市提供高效的交通管理工具，降低交通事故，减少拥堵，大幅度提升交通效能；通过丰富的智能网联应用场景，带动智能网联汽车链的巨变，推动汽车产业的升级和智慧方向的可持续发展。

智能网联技术作为贯穿智慧交通各个领域的重要的新兴技术，可以为智慧交通提供支撑，还可帮助城市规划做好智慧城市管理以及在交通管理方面的统筹，让人们享受到安全、高效、便捷的交通出行服务。通过智能网联车可以体验到车路云协同的功能，以及所带来的更安全、更智能的驾乘体验。搭载车路云协同功能的汽车车辆，不但是负载加速智能网联战略发展的关键一环，也是推动智能网联汽车技术的生态建设，推动云平台和智能网联生态体系建设的重要一步。通过发挥智能网联、车能联网方面在智慧城市、智慧交通应用的优势，加快发展服务于人们生产生活的智能的、智慧的城市和社区。

7.3.4　区块链

区块即是数据块，区块链技术一般指的是按照时间顺序，将数据区块组合成一种链式结构，并利用密码学算法，以分布式记账的方式，集体维护数据库的可靠性。所有数据块按时间顺序相连，从而形成区块链。区块链技术本身具有高度透明、去中心化、去信任、集体维护、匿名等特点，公有链、联合链、私有链是其主要的几个类型。

基于区块链本身的特质和类型，在新型智慧城市建设中的区块链技术可以在以下几个场景中得到很好的应用：

（1）数据安全与隐私保护，如个人隐私数据的保护、租客隐私信息保护等，依托区块链的数据加密存储、匿名和防篡改特性；

（2）数据追溯，如地产交易数据管理、电子发票等，依托区块链中天然的链式数据存储结构；

（3）数据认证和存证，如电子证照存证、个人身份认证等，依托区块链的数据防篡改特性；

（4）数据低成本和交易可靠性，如个人、企业、政府数据开放共享等，依托区块链智能合约对数据使用权、收益权等的精准管控。

新型智慧城市为人们提供更加适合居住、生产、生活的环境，将更加注重与技术的结合与应用，区块链作为一项热门的新型技术，本身特性可以确保智慧城市用户数据的安全和隐私，实现数据的高效流转和价值变现，这大大地激励着参与者的创新，加快新型智慧城市的发展脚步。

第8章　BIM技术、CIM技术与新型智慧城市

8.1　地理信息系统、BIM与CIM

随着建筑信息模型、地理信息系统、城市信息模型、物联网、5G、大数据、人工智能等技术的迅速发展，我国智慧城市建设已经进入新型智慧城市建设阶段。中国信息通信研究院发布的2019年《新型智慧城市发展研究报告》中指出，智慧城市是建设数字中国、智慧社会的核心载体。我国新型智慧城市已经进入以人为本、成效导向、统筹集约、协同创新的新发展阶段。

GIS是地理信息系统（Geographic Information System）的简称，它是用来采集、存储、操作、分析、管理和展示地理空间数据的信息系统。GIS应用允许用户创建交互式查询、分析空间信息、编辑系统中的数据并展示所有这些操作的结果。利用GIS三维数据对整个城市进行三维空间描述，并准确表示地上土地、建筑、交通等设施与地下地质环境、管线、构筑物等之间的关系，对于实现智慧城市资源的自主优化配置、城市空间范围的可视化分析管理具有重要的意义。

BIM是指建筑信息模型（Building Information Modeling），简单地说，BIM就是贯穿从建筑的设计、施工、运行直至终结的建筑全生命周期，将各种信息始终整合于一个三维模型信息数据库中。借助BIM这个高度集成的三维模型，极大地提高了建筑工程的信息化程度，为建筑工程项目涉及的各方人员提供一个工程信息交换和共享的平台。诞生于工程建筑领域的BIM技术当前已经获得广泛的认可和应用，它让建筑施工变得更高效、更绿色、更安全，整体成本更低。然而，BIM在提供精确的地理位置、建筑物周边环境整体展示和空间地理信息分析上存在不足，而三维GIS（地理信息系统）正好可以对这些不足进行补充，完成建筑物的地理位置定位及周边环境空间分析，完善大场景的展示，使得信息更完整及全面。通过和GIS技术进行融合，BIM的应用范围从单一建筑物拓展到建筑群以及道路、隧道、铁路、港口、水电等工程领域。

BIM整合的是城市建筑物的整体信息，而GIS则整合及管理建筑物的外部环境信息，它们的融合创建了一个包含城市大量信息的虚拟城市模型。GIS可以提供四个方面的能力，提供二维和三维一体化的基础底图和统一坐标系统的能力；提供各个BIM单体之间相互连接的能力，比如道路、地下管廊与管线等；提供空间分析和管理的能力；提供大规模建筑群BIM数据的管理能力。前三个都是GIS传统擅长的能力，并且已经得到成熟的发展；第四个是GIS在CIM领域面临的新挑战。在CIM层面，管理对象是一个区域甚至一个城市的BIM数据。BIM的数据量是十分巨大的，单个建筑物的BIM数据就有几十千兆，有的甚至高达一两百千兆，由几百万个三维部件组成。城市级的数据量更加是不可想象。经过这几年的发展，GIS软件不仅实现了对接访问BIM相关软件的数据格式，而且实现了管理大规模建筑物的BIM数据的能力。

智慧城市的GIS三维数据涉及大量的地理地形、建筑设施等地理空间信息数据，这对于利用软硬件对城市GIS三维数据的可视化、分析计算等应用方面提出了挑战。城市建筑物BIM数据和大场景GIS三维数据的结合是城市信息模型建设的基础。BIM和GIS的关注领域不同、数据标准不同，两者在几何结构和语义信息方面均存在差异，如何实现两者模型数据的共享和相互转换，是BIM与GIS技术应用的首要问题。

2018年11月，住房城乡建设部发布行业标准《“多规合一”业务协同平台技术标准》的征求意见稿，鼓励"有条件的城市，可在BIM应用的基础上建立CIM"。CIM是指城市信息模型（City Information Modeling），是以城市信息数据为基础，建立起三维城市空间模型和城市信息的有机综合体。从狭义上的数据类型上讲，CIM是由大场景的GIS数据+BIM数据构成的，属于智慧城市建设的基础数据。基于BIM和GIS技术的融合，CIM将数据颗粒度精确到城市建筑物内部的单个模块，将静态的传统数字城市增强为可感知的、实时动态的、虚实交互的智慧城市，为城市综合管理和精细治理提供了重要的数据支撑。

CIM从开始提出之初，指的是城市信息模型（City Information Modeling）。在2015年的规划实务论坛上，同济大学吴志强院士对CIM的定义进行了进一步的拔高，提出城市智慧模型（City Intelligent Model）。吴院士指出，BIM是单体，CIM是群体，BIM是CIM的细胞。要解决智慧城市的问题，仅靠BIM这个单个细胞还不够，需要大量细胞再加上网络连接构成的CIM才可以。

无论"CIM"中的字母I指信息还是智慧，CIM这个概念的提出，把公众的视野从单一建筑拔高到建筑群甚至城市一级，给予智慧城市更有力的支撑。

8.2　BIM在新型智慧城市的应用

智慧城市系统的搭建需要利用各类感知设备和智能化系统，以便智能识别、立体感知城市的环境、状态、位置等信息。全方位、动态地了解变化特征，对感知数据进行汇总、分析和处理，并能与业务流程智能化集成，可促进城市各个关键系统和谐高效的运行。BIM作为全开放的可视化多维数据库，是数字城市各类应用的极佳基础数据平台。

对城市海量数据的集成、分析和计算，是智慧城市系统的大脑，大数据是提出正确决策支持的基础。BIM基于海量数据的数据可视化、开放共享性，以及其与"云"计算的无缝连接，可保证数据随时、随地、随需、随意地决策和应用。

智慧城市建设需要的基础是网络互联互通，信息集成共享。主旨在于建立物与物、人与物、人与人的全面互联、互通、互动。BIM开放的数据结构结合IT技术，可为此目标的实现提供多维度的数据基础；提供自适应系统的信息获取、实时反馈，为随时随地智能服务提供有力的数据支撑。

智慧城市建设注重以人为本、社会协同的创新空间、公共价值的创造，需要随着经济、社会和环境的发展持续成长。BIM作为一个可以不断进行多维度数据拓展的信息承载器，可为系统的拓展、成长奠定坚实基础，有效避免系统应用延伸时，进行系统重构。

8.2.1　在智能楼宇中的应用

智能楼宇中配置的楼宇系统可以产生大量的数据，这些数据可以被BIM运维管理所利用。楼宇自控系统的架构一般分为三层架构，分别为管理层网络、自动层网络和楼层网络。楼层网络的模块控制器下会连接各种传感器（温度、压力、湿度等）。而标准的电表则可以直接接入楼层级网络，和上一级的自动层网络连接。上一级的自动层网络的控制器具有强大的运算和储存功能，可以记录各种采集的数据，并发出相应的指令（比如控制阀门开度、电机频率等）。同时自动层网络的控制器将这些数据反映到管理层网络，并将数据传输到服务器，供操作人员监视和管理。这些数据用来进行常规的监测或是作为AI/DI点来控制AO/DO的输出。BIM数字化楼宇运维全面提升了楼宇运维的管理水平，不论是对楼宇整体情况的监控，还是对物业管理效率的提升，都解决了原有依赖人力难以控制的问题。

8.2.2　在规划中的应用

1. 在城市规划管理上

将BIM技术在地上建筑及管线优化协调的优越性延展到地下管线和市政相通，通过结合地上建筑的三维信息模型，合成一个地上地下全覆盖的组团级城市信息模型，这个信息模型不仅在形式上是一个更全面更宏观的集合，而且在数据信息上承载更多可分析的价值，成为新兴城市规划管理的一个范本。大数据覆盖的城市信息模型可运用到各个规划管理单元，从单体到小区到居住区，从单个公建到整个商业街或公建群，以点带面，我们可以期望大数据为规划管理带来诸多便利。

BIM应用下的城市规划管理平台以三维信息模型为根本，综合利用多种外部数据信息对城市规划管理进行三维展示，并且根据需要进行适当的扩展，从而对城市规划过程中的环境进行模拟以及分析和评估，并在此基础上对控规指标下的结果进行修正，有效调控修建性详细规划空间布局，最终为城乡规划建设以及管理决策提供服务。

2. 在城市空间布局上

BIM模型可以结合气象环境数据信息等对规划建筑群风环境进行模拟，并且通过模拟热岛效应以及风速流场云图等综合分析，对建筑群空间关系作出科学合理布局建议。基于气象数据以及空气质量信息等，模拟区域范围内的空气质量情况，并且对空气污染源扩散进行准确全面的模拟，使指标参数更加详细具体，比如空间颗粒浓度、沉降物的降速等。在此过程中，对季风通过建筑物后的风速和温度云图等综合分析，对热岛区以及建筑物的表面风压载荷云图等综合分析。同时，还可以生成风速云图以及温度图和大气污染物沉降图等，并且输出相应的指标表。

3. 在城市规划审批中

建筑规划方案审批工作是城市规划建设管理的核心部分，对城市的发展有着长远的影响，在信息技术广泛普及的基础上，传统的建筑审批工作主要依靠CAD技术与电子政务系统，实现办公的自动化与信息化。伴随着我国进入城市加速发展阶段，城市常住人口密度开始迅速增长，城市及周边的土地资源日渐稀缺，城市中建筑群落不断向立体综合型发展，城市地上、地下区域空间规划对管理水平提出了更高的要求。传统的城市规划审批工作由于技术手段与审批数据的限制，只能以平面图纸信息对单个项目的建筑设计文件进行审核与管理，难以解决复杂环境下城市一体化与精细化管理中存在的诸多问题。如何对立体的城市空间信息进行全面感知，实现城市环境的全生命周期一体化审批管理，是城市空间发展所面临的挑战。

近年来，在政府部门参与和支持下，BIM在国内建筑及相关行业发展迅速，BIM应用项目逐年增加，各项标准也正逐步完善，作为CAD之后建筑行业的第二次革命，BIM技术正为城市的全面数字化管理提供支持。BIM模型的几何结构精细、语义信息丰富，特征参数化强，可满足城市精细化管理的要求，其具有的协同化设计与全生命周期管理等特点，支持建筑审批部门与设计、施工和运维多方共用同一套BIM项目成果，可以解决建筑审批各环节中数据共享问题，使其协同应用领域得到深化。

BIM技术与三维GIS技术的集成为城市的建筑规划审批带来了技术的革新。BIM提供了大量细节丰富、精细化程度高的城市建筑模型数据，三维GIS技术满足了在地理环境下城市三维立体空间的可视化分析应用，两者的融合完善了数字城市的全生命周期信息化管理，实现了城市建筑体从几何到语义特征综合表达的转变，使建筑从设计审批到管理维护各阶段数据得到共享，极大提升了审批管理业务的综合水平。

新的建筑规划审批方法是基于BIM与三维GIS技术，通过结合BIM建筑模型丰富的几何语义信息与三维GIS平台强大的管理分析系统，解决了当前复杂城市空间环境中三维建筑规划系统存在的诸多缺点，如三维建筑规划审批数据的来源问题、建筑规划审批数据与建筑设计数据不一致性、三维可视化仿真模型与建筑审批核查信息隔离、建筑全生命周期中设计与审批环节数据脱节等。

4. 在城市规划方案对比上

可优化性是BIM技术应用的重要特征。在其影响下，分析不同的城市规划方案的性能已成为BIM技术在城市规划建设中应用的重要内容。具体而言，在BIM技术平台下，城市规划方案对比不仅会将日照控制、通视效果、通风效果、供应链监控纳入优化范围，同时还会系统考虑能耗状况、城市噪声状况、城市热工状况等内容，并在这些设计内容系统模拟的基础上，进行舒适度的对比、考量和优化，从而确保城市规划建设方案的标准化、人性化和智慧化。

5. 在具体规划设计中的应用

日照控制是城市微环境管理的重要内容，传统设计模式下，CAD二维设计图纸很难实现日照状况的有效分析，其导致了城市空间透光效果的降低。新时期，人们愈发注重城市规划建设中的日照分析，并在地域、建筑造型等因素的考虑下，进行建筑物遮挡日照时间、满窗日照的系统分析，从而确保了城市空间格局的科学合理。具体而言，在BIM建筑模型下，城市规划设计人员可进行建筑布局模型的系统构建，然后在日照图、指标表、视频等不同形式的应用下，进行城市任意建筑、立面、地面等区域的光照情况模拟，并在三维图示上以颜色深浅进行表达，最后借助模型物理数据的不断计算和调整，实现城市最佳日照格局的布置。

建筑物的通风效果对于排除室内污染物、保证室内空气环境的优良至关重要。BIM模型下，城市设计人员可进行通风状况流体力学模型的构建，并在气象数据的支撑下，进行不同方案下城市风环境的优化。与传统城市规划相比，BIM建筑模型的应用使得城市风的流向、风速、空气龄和热岛区域情况数据化，然后在BIM出图功能的应用下，实现了风速云图、指标表等形式的输出，确保了建筑流体环境的控制合理，有助于绿色化、环保化城市建设的发展。

噪声控制对提高居民的生活舒适度具有重要影响。通过在BIM模型上集成调查区域范围内的噪声污染源以及交通噪声信息数据，可以有效模拟噪声源对建筑产生的不利影响，并且通过成果模拟确定噪声污染是否符合规范要求，这有利于为建筑隔声以及交通减噪等提供有效的辅助数据信息。其中包括指定噪声源对建筑物噪声产生的影响衰减进行模拟和分析、生成以及输出噪声云图、影响视频以及表格等，而且支持噪声源信息数据导入和模型导入。

8.2.3　在地下工程中的应用

地下工程建设具有投资大、周期长、技术复杂、不可预见风险因素多和对社会环境影响大等特点，是一项高风险建设工程，如何合理地规划设计地下工程并建立施工安全预警体系已经成为城市地下工程安全管理的重要课题。

利用BIM技术和相关地下工程的多源信息可以构建地下工程施工前的风险预警模型，通过结合地下工程施工过程中的地质环境条件和基于物联网数据的既有结构实时安全状态，构建施工过程中安全风险实时预警系统，实现地下工程施工安全风险施工前识别与预防、施工中实时预警与控制。

8.2.4　在应急指挥中的应用

在地铁车站应急管理方面，利用BIM技术建立地铁车站三维模型，在地铁车站全生命周期内进行数据共享，优化应急管理中原有的工作流程，可以提高目前地铁车站应急管理的信息化、可视化程度，进而提高地铁车站应急管理效率。基于BIM平台可以提出集成应急管理可用信息的方法，比如：利用Revit API开发"应急管理"插件，将地铁车站火灾发生时所涉及的应急管理信息集成于BIM平台，方便工作人员对应急管理数据的使用，实现在单一的软件环境下同时查看地铁车站环境中火灾烟气发展情况和人员疏散情况，模拟场景更加真实、更加易于理解。

通过利用BIM和GIS技术，建立应急管理业务的基础数据和搭建多种行业类型的应急管理系统，实现可视化、空间化的应急预案管理、应急资源管理、应急模拟演练和综合管理，能够满足突发事件应急处置和救援需要，实现事故的接出警、预测分析、智能辅助决策、应急资源调度等功能，提高现场指挥决策和救援效率，降低事故造成的损失。

8.2.5 在海绵城市建设中的应用

海绵城市是一种新的城市雨洪管理概念，在2017年3月5日的中华人民共和国第十二届全国人民代表大会第五次会议上，李克强总理在所作的政府工作报告中明确指出：要统筹好城市地上与地下建设之间的关系，启动消除城区重点易涝区段的"三年行动"，推进海绵城市建设，使城市既有"面子"，更有"里子"。在住房城乡建设部原副部长仇保兴所发表的《海绵城市（LID）的内涵、途径与展望》一文当中则首次对"海绵城市"的概念给出了一个明确的定义，即希望城市地下管道网络建设能够像海绵一样，在适应环境变化和应对自然灾害等方面都具备良好的"弹性"，确保其不会对城市本身带来严重影响。在出现雨水时城市地下管道实现吸水、蓄水、渗水和净水等工作，而在需要时将管道系统当中蓄存的雨水资源进行释放并加以利用，提升城市生态系统的运转功能并能够有效减少城市洪涝灾害的发生，提高自然资源的利用效率。

传统手段是海绵城市规划建设的管理中正在经历的阶段，其不可避免地存在以下局限性：一是信息难以直观有效地传递，二维平面信息抽象，在信息记录、展示、查询、关联等方面缺乏直观性；二是缺乏及时有效的统筹协调信息化平台，各参与方信息交换效率低，不便于项目建设效果及运营情况的持续跟踪反馈；三是无法直观查询城市水文内涝情况。

运用BIM技术可以创建海绵城市BIM三维模型，在此模型上提取、关联、集成、保存、删改海绵城市规划建设过程中相关数据，构建海绵城市BIM协同管控平台及相应功能模块，集成各类数据信息的多样化表达，开展海绵管控工作。

8.3 CIM在新型智慧城市的应用

CIM平台是智慧城市建设的数字化模型，是支撑城市建设管理全流程智慧应用建设的支撑性平台。依托CIM平台三维城市数字底版与实时感知、仿真模拟、深度学习等信息技术的结合，根据城市运行管理中各项业务特点，如施工建造、交通运行、环境保护、生态治理、安全保护等，开展全方位多维度的智慧城市应用建设，实现城市治理能力现代化。

8.3.1　在城市规划方案对比中的应用

CIM可以基于多源数据和多规合一实现对于规划管控的"一张图"，通过整合所有基础空间数据（城市现状三维实景、地形地貌、地质等）、现状数据（人口、土地、房屋、交通、产业等）、规划成果（总规、控规、专项、城市设计、限建要素等）、地下空间数据（地下空间、管廊等）等城市规划相关信息资源，形成完备数据、合理结构、高效规范的数据统一服务体系，并在数字孪生空间中，实现合并、叠加，从而解决其中的规划冲突，统一空间的边界，形成规划管控的"一张蓝图"。以此为基础来进行城市的规划评估、多方协同、动态优化与实施监督。在充分保证"一张图"的实时性和有效性的前提下，通过对各种规划方案及结果进行模拟仿真及可视化展示，可以实现方案的优化和遴选。

8.3.2　在城市运维管理中的应用

在城市运维管理的阶段，通过利用城市实体中各种物联网传感器和智能终端实时获取的数据，并基于CIM模型，可以对城市基础设施、地下空间、道路交通、生态环境、能源系统等运行状况进行实时监测和可视化综合呈现，从而实现对设备的预测性维护。基于模拟仿真的决策推演以及综合防灾的快速响应和应急处理能力，使城市运行更稳定、安全和高效。

目前，以CIM技术为基础的数字孪生规建管技术平台已从概念走向成果落地阶段，目前在雄安新区、北京新机场临空经济区、北京城市副中心、福州滨海新城、青岛中央商务区、北京未来科学城等地区均进行了实践，形成了很好的创新示范效应和社会价值。

8.3.3 在城市经济发展中的应用

经济发展是永恒不变的话题，每个城市的发展最终都会归结到经济的发展。建设CIM模型在促进城市经济发展方面具有重要的作用。基于CIM的智慧城市在建设过程中非常注重物联网信息的获取，传感器的多少直接决定了获取信息的多少，信息传输网络直接决定了获取信息是否及时，这些基础设施建设对于城市经济增长有着直接的推动作用。另一方面，城市基础设施建设对经济增长还有间接推动作用，比如降低企业经济成本、改善环境吸引企业投资、推动其他部门经济增长等。基础设施与经济增长是相辅相成的作用，基础设施的建设能够促进GDP的增加，经济增长也能够促进基础设施的完善。

基于CIM的智慧城市建设对促进城市智慧产业的发展同样具有重要意义。首先，CIM建设会促进某些传统产业的改造升级，对企业的产品设计、生产、管理、营销、服务等各个环节全面实施智能化改造，企业生产系统、通信系统、安防系统、火灾报警系统及其他系统之间将实现无缝隙互联互通，并通过云计算平台对企业即时数据进行整合与整顿。将企业的信息、物流、资金、业务等各种资源切实地整合在一起，整体提高企业协同运作能力。其次，基于CIM的智慧城市建设会促进企业在CIM模型、物联网传感器、人工智能等方面进行研发创新，全面推动社会经济发展，推动新一轮科技创新浪潮。此外，基于CIM的智慧城市建设会以政府投资为引导，吸引各类社会化企业投资。政府引进智慧产业，给予政策支持和适当的资金投入，吸引商业性资金进驻智慧产业，从而通过产业收入促进经济增长。

8.3.4 在城市交通中的应用

基于CIM平台搭建交通信息数据专网，整合来自环保、气象、交警、电信、地铁运营、铁路、高快速路等单位的交通相关数据，并保证数据和相关信息资源的充分快速协调，及时为各交通相关单位提供数据共享与联动服务，以便于智能预警和处理交通状况，提升交通系统资源的开发和利用水平。

CIM在城市综合交通网络中的应用主要体现在以下几个方面：城市路况判断及预

测，基于CIM平台中的全市实时交通状态数据分析判断平均车速、行车延误及拥堵指数等信息，辅助交通组织管理等。

以城市交通治理为例，基于CIM平台开展智慧交通建设，打通CIM平台与智慧交通应用的信息渠道，实时获取CIM平台中交通流量数据，结合三维道路模型信息参数、道路交通规划成果、历史交通流量数据等信息，依托交通流量预测模型等模型，生成相应的交通治理方案，辅助城市交通管理，从而提升城市交通通行质量。同时，治理方案结果将汇入CIM平台，完善数据基底，提升CIM平台对智慧交通的数据支撑能力和技术服务应用能力。

8.3.5　在城市管理中的应用

CIM平台可以在对现状物理城市的数字化描述的基础上，通过规划成果数据、业务管理数据、视频监控数据、网络社交数据等信息资源与人工智能、深度学习等技术的结合，打造覆盖城市多领域、多维度、全生命周期的信息服务和智慧应用的数字载体。

以CIM平台为支撑，打通规划、建设、管理、运营的数据壁垒，联通城市各部门业务信息系统，着力解决传统模式下信息孤立、业务缺乏协同的问题，实现从规划到城市建设、管理、运营的层级管控、精准实施。同时，城市建设、管理、运营环节中所产生的信息数据汇聚到CIM平台，从而指导反馈规划编制。通过构建基于CIM平台的规建管运一体化数据融通及动态循环更新闭环，实现管理业务互联互通、数据资源动态共享，从而逐步形成城市规划、建设、管理、运营全流程整体统筹、逐层落实、积极反馈、有效指导的一体化工作模式，实现城市空间治理能力精细化和社会治理水平现代化。

CIM平台目前在智慧园区、智慧城市的应用落地在国内已有许多案例，如雄安新区、深圳国际生物谷坝光核心启动区、深圳前海自贸区、福州滨海新城等，都是从规划阶段开始建立园区CIM体系，搭建以CIM为核心的时空大数据平台，打通园区规划、建设、运营各阶段的数据，通过大数据、人工智能等先进技术手段，实现园区智慧大脑，打造独具特色的智慧园区和城市案例。

8.3.6　在应急处理中的应用

通过利用城市CIM平台中的救援车辆、救援人员和企业呼叫中心信息等内容，联动交通信息指挥中心和公交企业及其他相关单位，可以实现自动监控故障车辆，辅助公共交通应急管理，道路及环境监测。另一方面，CIM平台还可联动交通、气象部门进行灾害性天气预报、危险预警和路况预测，辅助交通部门做好交通安全事故应急预案，以便提早进行应急救援准备。

8.3.7　在公共卫生应急管理中的应用

CIM技术不仅在城市级尺度上发挥巨大的作用，在城市基础单元——社区上，同样可以提升社区信息、人员和空间管理效率。

1.　快速汇聚往来人员数量和信息

CIM可用于提早预测疫区周边潜在的疫情发生城市，以及城市中的疫情重灾区域，进而建立人员—空间—时间的疫情预测模型，有利于医疗物资和人员的提前调配，避免恐慌，保障秩序。

2.　绘制传染源的出行轨迹

借助CIM技术对已确诊或疑似病例人员的出行轨迹和接触人员进行反向寻踪和精准定位，有利于更快速地锁定暴露人群，提前人为干预和控制，避免疫情加速扩散。

3.　辅助医疗资源和物资设备的高效调配

根据CIM理念汇聚的医疗机构和相关组织、医务人员、床位、设备物资等医疗资源数据，基于疫情现状与大数据预测分析，辅助城市范围内的医疗资源调配决策，及时精准支援第一线的救治防控工作，提升就诊效率，充分调动全社会可用资源和力量，有效缓解病患聚集、群众恐慌等问题的发生。另一方面，以武汉已建成的火神山和雷神山两座医院为例，需要在极短时间内完成建设。规划建设阶段可通过CIM技术协调建设人员和物资，高效管理施工建设过程，保障应急设施及时投入使用。

4. 辅助决策疾病传播紧急处理预案

通过CIM可以获取完善的城市疫情分布信息以及准确及时的病源、病例传播、路径跟踪等信息，通过基于人工智能的大数据分析手段，辅助决策临时紧急处置预案，第一时间控制病源传播。

5. 持续管理和跟踪监控疾病情况

充分发挥CIM理念汇聚时空大数据的优势，与医疗机构业务协同。对于康复出院、身体状况异常等需要实行居家隔离的居民，可及时通过平台按周期上报更新居家生活情况数据，包括隔离周期、体温等病症变化情况和饮食活动等健康状况。对于上报数据异常、未及时上报隔离期越界、紧急情况举报等情况由社区网格员监督管控。通过社区内监控摄像头对人脸、动作和体态的识别，对未按规定在家隔离人员外出情况自动上报预警，由社区志愿者借助无人机等智能设备，负责主动提醒和劝归。

以2003年"非典"为例，"非典"过后疾病虽然得到了基本控制，但大规模传播后个体发病的可能性仍然存在，而且病毒的潜伏期往往很长，并有可能在"合适"的环境条件下重新发病；此外，以"野生动物"为传播源的SARS虽然得到了控制，但其他病毒类型疫情也有可能再次发生。借助CIM技术的有效监管，长期对市场等敏感区位进行管理规划，对于靠近居民和人口密集区的市场进行后期管理和跟踪监控，将对类似疫情的发生起到有效的控制作用。

6. 防疫时期社区空间和设备的公共卫生管控

基于CIM技术对建筑空间、基础设施和公共设备的管理功能，完善对应的公共卫生管理模块。对社区内人员流动频繁（主要出入口等）、人员易于聚集（公共服务空间等）、卫生重点防控（垃圾集中投放和处理区域等）等场所，按相关规定制定消毒杀菌措施。由平台根据工作情况上报统一管理，并根据平台监控的人员活动情况变化等，及时调整消杀制度。对于通风空调系统、给水排水系统、垃圾收集与处理区域的设备设施运行状况应加强监管力度，避免出现卫生死角。

7. 定点定向物理隔离控制

通过CIM技术的网格化功能，对于病毒的传播方向进行准确预报，根据传播方向的可能性，利用"复杂网络"分析等AI技术手段，在传播路径上进行重点隔离，定向控制，是低成本、早防控和严隔离的有效手段。

8.4　城市仿真系统

智慧城市是运用物联网、云计算、大数据、空间地理信息集成等新一代信息技术，促进城市规划、建设、管理和服务智慧化的新理念和新模式。但是随着计算机软件技术、全社会信息化意识的发展，智慧城市建设的全面加速，传统的二维矢量数据在表达上缺乏直观性，已经不能够满足科学化、精细化工作的需要，仿真城市便应运而生。可以说，仿真城市是助力智慧城市建设的一个强劲动力。

城市仿真技术基于大数据的发展和整合，基于各种学科的基础理论，探索和预测城市在人口、经济、交通、环境等各方面的发展规律，通过各种可视化技术将融合后的成果直观展现，实现城市发展的科学预测，达到城市持续发展的目的。

城市仿真从2000年开始到2020年已走过三个阶段，从BIM（建筑信息模型）时代、CIM（城市信息模型）时代到现在的DSM（数字地表模型）时代。基于计算流体力学（Computational Fluid Dynamics，CFD）的严密理论，利用有关数据建立精确城市模型，根据气象数据设定准确的边界条件，综合考虑地形、气象、水文、建筑物、污染源等因素对现状以及发展趋势的影响，真实再现城市各种复杂现象，提供各种现象细节的有关数据；实现实时三维可视化，形成城市环境"诊断书""疾病预防报告"，提供决策支持，检验及优化方案，为城市规划、管理服务。

8.4.1　概念与应用

城市仿真是通过数字化的方式真实再现城市现实，并基于城市运行数据，运用人口、交通、环境、经济等理论，分析城市实际问题，预测城市发展，是为城市规划、管理、防灾减灾等提供科学依据的一种手段。

城市仿真在预测城市人口的变化以及人口在城市中的分布、预测城市交通流量的变化和交通设施的使用效果、预测各种灾害和意外突发事件并提出应急预案等方面具有重要作用，通过城市仿真可以实现城市问题诊断、解决方案辅助设计、方案验证、城市未来预测，从而为城市善治提供数据、决策支持。

国内一些城市已启用仿真实验室的研究和建设工作，拟通过数据驱动模拟城市系统，感知城市体征，监测城市活动，预测城市未来，最终构建智慧化的城市治理决策平台。

8.4.2　与传统方法比较

传统的建筑设计表现方法包括以下4种：人工手绘、建筑微缩模型、建筑效果图和建筑动画。其中，人工手绘（或非真实渲染NPR）只是偶尔作为点缀用在早期的概念设计中。

建筑效果图、建筑动画、建筑模型是目前广泛采用的三种方式。这三种方法虽然流行，但它们各自的不足还是很明显的。制作建筑微缩模型需要经过大比例尺缩小，因此只能获得建筑的鸟瞰形象，无法以正常人的视角来感受建筑空间，无法获得在未来建筑中人的真正感受；常用的效果图表现也只能提供静态局部的视觉体验；三维动画虽然有较强的动态三维表现力，但不具备实时的交互性，人是被动的，而且对方案的修改以及观察路线的变化需要重新计算，几天甚至几周后才能看到结果。而在城市仿真应用中，人们能够在一个虚拟的三维环境中，用动态交互的方式对未来的建筑或城区进行身临其境的全方位的审视，可以从任意角度、距离和精细程度观察场景；可以选择并自由切换多种运动模式，如行走、驾驶、飞翔等，并可以自由控制浏览的路线。而且，在漫游过程中，还可以实现多种设计方案、多种环境效果的实时切换比较。这是传统的建筑效果图和预渲染回放的三维动画所无法达到的。

城市仿真具备三个特点：（1）良好的交互性，提供了任意角度、速度的漫游方式，可以快速替换不同的建筑；（2）形象直观，为专业人士和非专业人士之间提供了沟通的渠道；（3）采用数字化手段，其维护和更新变得非常容易。

8.4.3　城市规划仿真

1. 交通监测预警

在城市规划的交通方面，高峰期对进入车站的乘客进行限流，是目前国内城市轨道交通应对短时大规模客流聚集、保证车站和线路运营安全的主要措施。有学者运用计算机仿真的方法对列车延误时站台的客流滞留、密度分布和服务水平变化过程进行了仿真研究，测算了站台达到拥挤和安全极限时的客流容量，分析了不同客流到达率下站台达到拥挤和安全极限的时间分布，以及服务水平变化曲线，并提出利用关键控制点对站台进行客流拥挤和安全分级预警的方法。

也可以通过建设城市仿真的交通管理大数据应用平台，来智能化管理城市交通。城市交通管理大数据应用平台是基于全市交通各个专业接口上的数据汇集，贯穿于城市交通规划、管理、建设、运营、维护的全生命周期，平台由7大系统组成。

（1）汽车维修行业管理业务系统

汽车维修行业管理业务系统实现交通局汽车维修管理所与车辆维修企业的高效协同及网上办公，并与其他政府部门共享基础空间数据，减少信息化建设的重复投资。

本系统将使交通局汽车维修管理所进入信息化办公时代，极大提高维修管理所办公效率，解决目前监管力量少、监管企业多的矛盾，投入极少的人力物力，实现对全市众多汽车维修企业更加全面的监管。通过项目长期的运行，实现市场规范化管理，淘汰无证无照企业，促进更多企业规范化注册登记，监管工作效率的提高，将使汽车维修管理所拥有足够的能力将更多的企业纳入监管范围。

汽车维修行业管理业务系统包括行业监管、信息填报、信息通告、移动办公、系统运维等几大功能。

（2）客运行业管理业务系统

客运管理业务系统，实现交通运输局下属客管部门与公交公司和其他业务部门的高效协同，并与其他政府部门共享基础空间数据，减少信息化建设的重复投资。

通过本系统将有效监管公共交通基础设施，进行高效的日常养护，减少养护成本，减少浪费。另外，通过对公交线路、接驳车线路等规划方案进行辅助设计，实现公交线路选线的科学决策，避免决策失误，减少失误造成的投资损失。另一方面，通过本系统可高效组织公交运行，减少能源消耗，实现节能减排。

客运行业管理业务系统包括公交线路管理、公交车管理、接驳车管理、充电桩管理、司乘人员管理、线路辅助设计、移动App等应用。

（3）交通综合管理服务系统

1）专业数据管理系统。

针对公交站点、线路、车辆、场站及司乘人员等公交系统专业数据，建立数据模型，提供数据录入、属性编辑、地图编辑、在线填报、查询统计、专题图制作等接口，建立完善的数据更新维护机制。为保证相关专业数据与其他系统数据的同步性，系统平台还通过数据模板的方式，开放数据导入导出接口。

2）线路车辆监控系统。

针对公交线路和公交车辆管理，系统通过车载GNSS设备获取车辆位置信息和行驶信息，利用强大的GIS技术分析功能，进而实现公交车辆的车辆定位、追踪监控、轨迹回放、越界监控、超速监控、甩站监控功能，能够将报警信息实时推送至监控界面，根据报警信息生成违规记录并留存数据库，用以作为今后的违规查询取证和绩效考核依据。同时，在出现违规报警时，平台能够通过无线通信接口自动向违规车辆推送警告提示。

针对公交场站，通过视频监控能够对场站内车辆停放情况、工作人员工作情况、场站内积水积雪情况、车辆进出站情况等实行实时监控，对监控画面可随时抓拍，并将抓拍到的图片上传至系统数据库保存，作为监督证据留存。

3）辅助决策支持系统。

基于公交站点、线路、车辆、场站、司乘等基本数据，运用GIS技术分析功能，整合GNSS数据、路况数据、视频监控数据、日常填报数据等，建立可视化监控和分析模型，为规划决策支持、应急指挥、重大事项决策等提供科学依据，更好地促进区域交通智慧化的发展进程，是努力建成交通局信息化决策支持体系的重要环节。

4）数据填报系统。

针对公交车辆，建立车辆营运档案和维护档案。车辆营运档案记载车辆线路信息、营运班次、司乘信息、表彰记录及违规记录等；车辆维护档案记载车辆维修保养记录；针对司乘人员，建立人事档案，记载表彰记录及违规记录。另外，交通局与公交公司、公交场站也会产生一些日常业务通报需求，为此，平台需要建立车辆档案与司乘档案的更新机制，建立高效的日常填报机制。

5）公众服务系统。

城市智慧交通旨在为民服务，建设安全公交、快捷公交、便民公交、文明公交，让公众通过PC端或移动设备及时方便地查询相关公交信息和交通局发布的宣传通告，并能通过问卷调查形式收集公众反馈，初步建立城市"公共交通互联网+交通服务"概念。

（4）交通警卫任务三维智能辅助系统

该系统利用大数据、虚拟现实、物联网等技术，基于专利技术的三维引擎开发，整合智能交通系统中的流量采集、警卫信息、智能信号控制、视频监控、数字集群和警用地理信息等多个子系统，实现"一键查询、一键巡控、一网调度、一键择优、一键回放"五个快捷和"精准封控放行时间、精准处理任务叠加、精准回避任务风险、精准测算警力布设"四个智能，通过交通信息融合和大数据挖掘，极大地提高了警卫任务实战效能，为疏堵保畅和警卫任务提供交通指挥决策支持。

（5）交通规划三维辅助决策系统

将3D VR技术同参数化建模、动态渲染引擎、交通流仿真等技术有机结合，以真三维的表现形式利用可靠的交通信息，通过客流和车流的准确数据，设计交通规划方案，并从宏观、微观等角度快速进行交通设计方案的对比、优选，辅助领导决策，为改善城市交通拥堵提供决策工具。

（6）交通基础设施3D台账系统

从道路交通基础设施实际业务应用的角度出发，采用GIS、RS、GNSS、参数化动态三维建模和多线程动态渲染三维引擎等技术，可以直观、简便、高效地对道路基础设施台账动态管理。同时，还具有数据采集、三维建库、动态更新和设施运维管理等功能。对各种交通配套基础设施和交通标志的位置、数量，各种标志、标牌、标线的配置进行管理，使道路交通基础设施能够发挥最大的效能。

（7）交通大数据统计分析系统

以大数据、云计算、移动互联网等先进信息技术为引领，以监控和维护道路通行秩序、保障道路畅通、有效预防和减少交通事故和交通拥堵为目标，实现对大数据的分析研判，可以实现以下功能：

1）交通拥堵分析。输入时间范围，根据历史拥堵路段流量流速散点图，确认是车流量大引起的，还是由于事故引起的。

2）案（事）件多发区分析。案（事）件类型包括交通拥堵、嫌疑车辆、交通事故、治安事件、灾害天气、地质灾害、市政事件、大型车故障、火灾爆炸等。通过在地图上绘制指定时间范围内指定类型的案（事）件分布的位置情况，分析出当前城市的案（事）件多发区。

3）交通参量同比、环比。实时展现道路历史交通参量的变化发展趋势，通过图表等形式直观全面地反映出道路的交通流变化情况。同时，可以根据小时、日、周、月等条件查看历史交通流参量数据。

4）事故高发地点统计。事故高发地点统计是从事故原因的角度来分析统计时间范围内的事故发生地点、事故发生起数、事故按日期统计趋势。

5）以OD数据调查表为基础，进行OD数据分析和挖掘，实现对快速路各个监测断面的车流量统计分析，包括历史流量统计分析和实时流量统计分析。

6）交通预测预警。在海量的数据中找出符合既定策略、规则的车辆，为交警部门的交通管理、综合研判提供强有力的支持和保障。策略预警的规则可结合当地交通特点灵活设定，不断丰富、完善。策略设置的参数也可根据预警反馈情况及策略运行经验灵活调整。

7）根据实时的视频采集数据，对采集的数据实时地分析比对，当锁定一个车辆后，根据车辆的特征或车牌号等信息，实时地追踪车辆的行走路线和位置。

8）根据公共交通上下车刷卡数据，对采集的数据作出聚类分析，得到城市公共交通画像，给公共交通设计部门提供数据，更好地设计公共交通线路。

9）利用大数据智能分析，结合高清监控视频、卡口数据、线圈微采集波数据等，再辅以智能研判，基本可以实现路口的自适应以及信号配时的优化。通过大数据分析，得出区域内多路口综合通行能力，用于区域内多路口红绿灯配时优化，达到提升单一路口或区域内的通行效率。

2. 应急处理

随着我国各大城市建设和运营规模的不断扩大，地铁面临的安全形势日益严峻，对地铁的应急管理工作提出了更高的要求。地铁调度指挥中心作为地铁线路运营的中枢神经，是对全线的行车组织进行集中指挥的操作中心，对线路安全运营起到至关重要的作用。有学者通过对地铁调度指挥应急演练仿真系统的需求进行分析，从应急场景设置、演练过程仿真、演练结果评估三个方面系统研究地铁调度指挥应急演练仿真系统，并在此基础上建立了地铁调度指挥应急演练仿真系统框架，从功能、数据库、功能流程几方面进行了系统设计。

3. 拥堵治理

交通系统是受人的决策行为影响的复杂大系统，日益严重的交通拥堵问题使人们对这一系统的研究备受关注。有学者通过融合数理统计与模型仿真方法，构建了满足动态性、交互性、开放性和可扩展性要求的交通拥堵动态仿真平台，并集成GIS技术及数据库系统，成功实现交通类采集、分析、决策支持数据的存储、挖掘、仿真计算和直观显示功能。

4. 智能驾驶

"无人驾驶"作为城市未来交通的新领域，它给我们带来全新世界、全新系统，但是也给我们带来新的挑战。怎样用仿真对下一步的挑战进行研究，来推动无人驾驶的发展，将是未来改变社会的重要依据。清华大学教授、清华大学–剑桥大学–麻省理工学院"未来交通"研究中心主任吴建平表示，仿真不仅是人们看到的画面，更重要的功能是给出定量的结果，如旅行时间、车流稳定性、能力提升等各方面。未来交通仿真会对新交通模式的出现作出更大的贡献。

5. 灾害预演

我国是灾害多发频发的国家，为防范化解重特大安全风险，健全公共安全体系，整合优化应急力量和资源，推动形成统一指挥、专常兼备、反应灵敏、上下联动、平战结合的中国特色应急管理体制，提高防灾、减灾、救灾能力，确保人民群众生命财产安全和社会稳定。2018年3月，根据第十三届全国人民代表大会第一次会议批准的国务院机构改革方案，建立了中华人民共和国应急管理部。将国家安全生产监督管理总局的职责，国务院办公厅的应急管理职责，公安部的消防管理职责，民政部的救灾职责，国土资源部的地质灾害防治、水利部的水旱灾害防治、农业部的草原防火、国家林业局的森林防火相关职责，中国地震局的震灾应急救援职责以及国家防汛抗旱总指挥部、国家减灾委员会、国务院抗震救灾指挥部、国家森林防火指挥部的职责整合，组建应急管理部，作为国务院组成部门。

城市内涝是我国很多城市所面临的一个问题。据统计，截至2017年7月21日，中国大约有98个城市都在2017年发生了涝灾，经济损失共计达229.33亿元。到8月，已有5932万群众受灾。雨期"看海"已经成为部分城市每年挥之不去的梦魇，而城市排水系统与城市水环境实际匹配度低，是造成雨期"看海"的重要原因。城市仿真模拟可以为解决城市内涝、洪水等问题提供科学支撑。有学者对天津市的暴雨内涝进行了研究，运用城市暴雨内涝仿真模型，对不同时段的城市积水情况进行估算，与实测值吻合度较高。通过对基于GIS技术和天津市暴雨内涝仿真模型的研究表明，城市暴雨内涝仿真模型可以作为天津市区暴雨内涝灾害风险区划的一个参考依据，对于量化评估市区暴雨内涝灾害的程度，具有一定参考意义，并根据此模型提出了相关的应急响应对策。

在此背景下，建设城市仿真技术的灾害管理分析辅助系统就十分的重要。

此系统基于计算流体力学（Computational Fluid Dynamics，CFD）方法建立。旨在对城市大气环境、水环境、突发性的环境灾害进行仿真分析，为洪水、内涝、危险化学品泄漏等灾害处置服务。

（1）构建基础数据库

数据是项目顺利进行的关键基础，城市仿真基础数据库包括城市地形、建筑三维数据库，危化品源头数据库，水文数据等基础数据库以及相应数据输入输出系统构成。

危化品源头数据库，按危化品的种类建立数据库，记录危化品地理三维信息，危化品种类及可能发生灾害的形式、等级等信息，并转换为模型相应的点源、面源、体源等信息。

水文及气象数据库，收集目标区域水文数据，建立水文及气象基础数据库，作为仿真的基础边界条件。

（2）构建气体危化品灾害预警分析系统

系统旨在模拟易燃、易爆、有毒的气态危化品发生泄漏或爆炸后，在当地气象条件下的扩散、发展路径，分析灾害对于周边目标区域的影响，标记危险区域，规划逃生及安全疏散路径，为灾害应急预案制定、应急处置提供决策依据。某岛屿发生危化品爆炸后，在南风三级的气象条件下有害物质随时间扩散情况分析示意图如图8-1所示。

（3）构建水环境灾害预警分析系统

结合目标区域三维地形、建筑、河道、排水系统数据，构建目标区域三维几何模型，以往年暴雨、洪水灾害发生时的水文数据、排水系统数据作为边界条件，模拟在洪水、内涝灾害发生时，不同的灾害等级对于目标区域的影响，寻找可能的积水区域，优化城市排水，为内涝防治应急预案编制、应急处置服务。

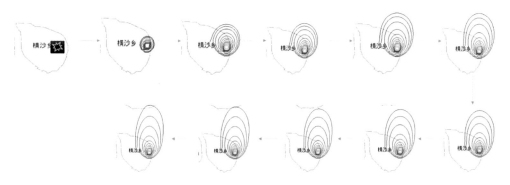

图8-1　有害物质随时间扩散情况图

（4）构建水体危化品危害预警分析系统

结合目标区域三维地形、建筑、河道、排污系统数据，构建目标区域三维几何模型，以危化品源头数据、水文数据作为边界条件，分析在发生不同等级的危化品泄漏事故时对水体质量的影响，定量分析其影响范围、影响程度，为城市应急方案编写提供支撑，为应急处置服务。

（5）构建火灾模拟分析系统

针对分析目标，分析各种典型及实时气象条件与地形对火灾的影响，分析火灾的烟气扩散和火焰传播对环境空气保护目标可能的影响，以及各种防火及灭火措施影响及效能，并实施对危险化学品泄漏扩散、点火燃烧完整过程的展现，为工业火灾、危险品储运、化工园区、锂电池工业火灾风险评估，危险特性分析及应急预案设计、应急处置、人员疏散提供参考。

6.　水污染防治

（1）背景介绍

近年来，我国经济水平快速发展，城镇化水平不断提高，供水、排水需求不断加大，环境治理问题日益凸显。2015年4月2日，国务院印发《水污染防治行动计划》指出，到2020年，全国水环境质量得到阶段性改善，污染严重水体较大幅度减少，饮用水安全保障水平持续提升，地下水超采得到严格控制，地下水污染加剧趋势得到初步遏制，近岸海域环境质量稳中趋好，京津冀、长三角、珠三角等区域水生态环境状况有所好转。到2030年，力争全国水环境质量总体改善，水生态系统功能初步恢复。到21世纪中叶，生态环境质量全面改善，生态系统实现良性循环。

2016年12月，中共中央办公厅、国务院办公厅印发了《关于全面推行河长制的意见》，并发出通知，要求各地区各部门结合实际认真贯彻落实。

2016年12月31日，国家发展改革委、住房城乡建设部共同印发《"十三五"全国城镇污水处理及再生利用设施建设规划》提出：到2020年年底，地级及以上城市建成区基本实现污水全收集、全处理；县城不低于85%，其中东部地区力争达到90%；建制镇达到70%，中西部地区力争达到50%；京津冀、长三角、珠三角等区域提前一年完成。

2017年6月27日，十二届全国人大常委会第二十八次会议表决通过了《关于修改〈中华人民共和国水污染防治法〉的决定》。新修订的《中华人民共和国水污染防治法》共作出55处重大修改，更加明确了各级政府的水环境质量责任，实施总量控制制度和排污许可制度，加大农业面源污染防治以及对违法行为的惩治力度。

2018年7月17日，在北京举行的全面建立河长制新闻发布会上，水利部部长表示，截至2018年6月底，全国31个省（自治区、直辖市）已全面建立河长制，共明确省、市、县、乡四级河长30多万名，另有29个省份设立村级河长76万多名，打通了河长制"最后一公里"。

2018年7月，成都普降暴雨，造成天府三街、天府五街、地铁1号线广福站等成都高新区、天府新区等城市新区发生内涝灾害。

在2019年5月24日，中国城市科学研究会智慧城市联合实验室针对ISO 37151、ISO 37153、ISO 37155、ISO 37156标准进行了调研。基于调研研究成果，提出了基于城市仿真的水务模拟系统。

（2）原理说明

城市水环境模拟方法基于计算流体力学（Computational Fluid Dynamics，CFD）中的VOF两相流理论，分析在两种或者多种流体相互混合时，随时间变化的混合状态的仿真。在VOF模型中，不同的流体组分共用着一套动量方程，通过引进相体积分数这一变量，实现对每一个计算单元内各种组分相界面的追踪。在每个控制容积内，所有组分体积分数额总和为1。所有变量及其属性在控制容积内各相共享，并且代表了容积平均值。

（3）建设内容

1）构建高性能计算平台。

与常规工业、科研CFD计算不同，城市污染物仿真的基本模型尺度在几十至几千平方公里，建筑物数量巨大，个体差异显著，为确保计算精度和速度，必须构筑高性能计算平台，奠定系统运行的物质基础。

2）构建城市仿真基础数据库。

城市三维模型是项目模型搭建的基础要素，主要通过机载LiDAR技术、倾斜影像技术、航空摄影测量技术等航拍技术，以及卫星测绘等手段获取高精度的三维测绘点云数据，并经过数据处理校核、可视化处理、矢量化处理等一系列技术处理，获得高精度的城市三维地形、建筑等GIS几何模型。通过加工，进一步构建城市仿真的地形数据库和城市建筑数据库。

搭建城市污染源数据库，按污染物产生的类型建立工业污染源、生活污染源等污染源数据库，并转换为相应的点源、面源、体源，标定污染物排放的时间特征，同时建立数据接口，实现污染源数据的实时更新维护。

构建水文数据库，收集目标区域水文数据，建立水文基础数据库，作为仿真的基础边界条件。

3）构建水环境仿真系统。

构建水利规划模拟模块，结合目标区域GIS数据、项目规划数据，构建目标项目三维模型，以水文数据、设计数据为边界条件，进行CFD仿真，对水利工程建成后的实际效果进行评估，风险预测，优化设计，并以三维可视化的方式进行立体呈现，辅助项目决策（图8-2）。

构建城市内涝、洪水模拟模块（图8-3），结合目标区域三维地形、建筑、河道、排水系统数据构建目标区域三维几何模型。

构建水污染模拟系统，结合目标区域三维地形、建筑、河道、排污系统数据构建目标区域三维几何模型，以排污点数据、水文数据作为边界条件，分析污染源对水体质量的影响，为城市污水治理、有毒有害物质发生时提供应急处置服务。

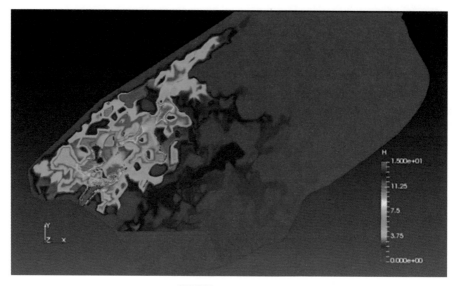

图8-2   蓄洪区分析

图8-3   城市洪水模拟

（4）关键技术

1）高质量网格生成。

高质量网格是仿真计算能否成功的关键因素之一。系统将支持高质量网格的自动生成技术，只需通过简单的设置程序即可自动进行网格划分，并自动进行网格质量控制，极大地简化了网格划分流程。同时，对于几何模型缺陷（如重面、断线、细小孔洞）的容错能力更强，大大减小了工程前期几何模型处理的工作量。在保证网格质量与计算精度的同时，项目为降低网格数量，提供多重BLOCK与基于建筑特征的多level划分方法。

2）多重BLOCK和自动网格划分。

使用多重BLOCK方法，可以仅对一个具体的物体或者区域划分比较细的网格，从而降低总的网格数量，减少计算时间和内存消耗。比如，一个被很多其他建筑物环绕的建筑物内部的空气流动模拟，可以仅仅对计算建筑物使用比较细的BLOCK进行单独加密（图8-4）。

3）基于建筑特征的多level加密法。

在单一BLOCK的情况下，系统支持基于建筑特征的多level划分方法。在实际中，建筑的占地面积、体积、与邻近建筑的距离存在巨大差异，如图8-5所示。在网格划分时如不加以区分，单纯考虑小尺寸建筑特征的表现精度，采用统一的高精度网格尺寸，往往造成网格数量巨大，计算难以进行的问题。项目基于建筑特征的多level划分方法，则支持基于建筑的体积、建筑之间的距离等特征，以不同的

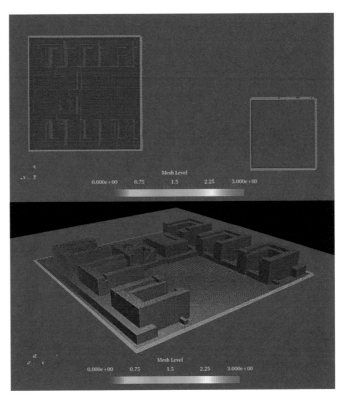

图8-4 多重BLOCK网格

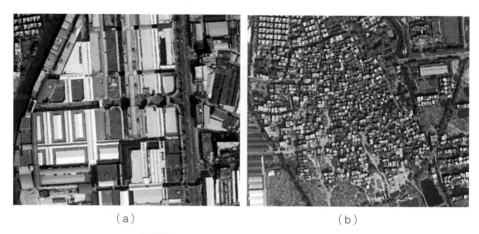

（a）   （b）

图8-5   不同建筑体积与建筑间隔对比图

尺寸对不同的建筑进行网格划分，从而在高网格质量、建筑特征、网格数量之间取得较好的平衡。

下面以广东佛山市某地为例进行说明，如图8-6所示，区域内不同建筑的体积、相互之间的距离等特征存在巨大差异。在划分网格时，根据表8-1划分，level越大代表网格越密集。

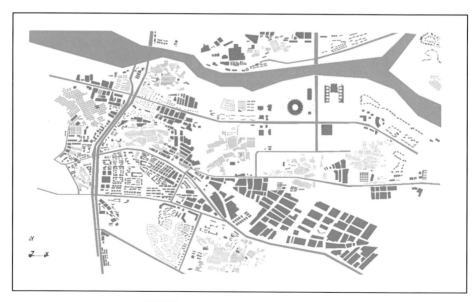

图8-6   广东佛山市某地建筑物特征图

　　根据区域内的建筑特征划分了网格级别个数，对应图8-7、图8-8不同的建筑颜色。这样既可以表现区域内不同建筑物的特征，又可以保证计算精度，同时对网格数量进行了有效的控制。

网格划分等级（level ）	表8-1
建筑颜色	网格划分等级
绿色	1-3
黄色	3-5
红色	5-7

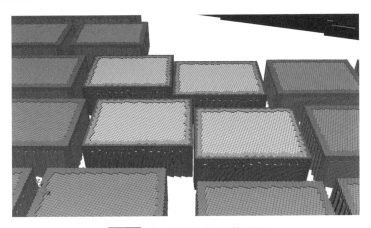

图8-7　level 1-3、3-5网格展示

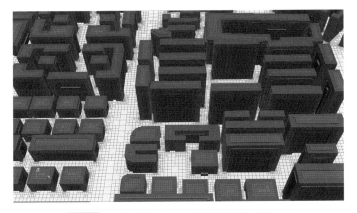

图8-8　密集建筑level 5-7级别的建筑网格展示

4）巨量网格的快速生成。

城市仿真计算的网格数量巨大，网格生成的时间成本也大。系统将支持不限核心数量的网格多核并行生成技术，进行简单的设定后，即可依靠HPC平台的强大并行计算能力，实现网格的快速生成，显著提高网格划分速度（图8-9）。

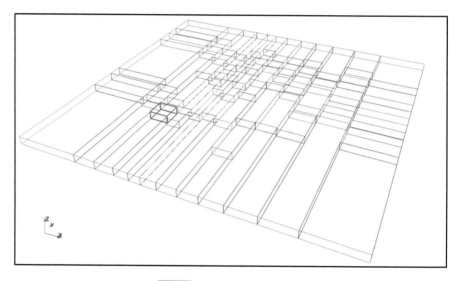

图8-9　网格并行划分示意图

5）大规模并行计算。

城市仿真计算支持并行计算功能，在HPC集群调度系统的支持下并行计算模块MPI可以实现HPC集群计算资源的整体调用，将HPC集群中各节点的内存进行统一整合、分配，同时，系统会将数据在多节点、复数CPU核心之间进行等量分配，并行计算，实现计算资源的充分利用。从而显著提高计算速度、后处理的数据处理能力，实现大规模网格数据的快速处理，避免资源浪费，并提高计算效率。

7. 生态保护

（1）背景介绍

2017年10月18日，习近平同志在党的十九大报告中指出，坚持人与自然和谐共生，必须树立和践行绿水青山就是金山银山的理念，坚持节约资源和保护环境的基本国策。

关注环境、环保已成为全民共识。

多地城市政府建设公园时，对于如何科学评价城市公园的生态价值，如何更好地规划公园布局等存在较大的需求。

因此，应积极建立基于城市仿真的公园生态效应评价系统，在基于计算流体力学（Computational Fluid Dynamics，CFD）与地理信息系统（Geographic Information System，GIS）的基础上，积极构建具有自主知识产权的城市环境仿真系统。

（2）系统原理

城市公园、绿地对于城市生态具有重要的作用。其作用主要体现在空气净化、氧气供给、除菌、降噪、通风、含蓄水源等方面。据研究，城市森林植被可通过气孔呼吸将大量$PM_{2.5}$颗粒物吸附在叶片表面，沉降作用使大量$PM_{2.5}$等颗粒物附着、滞留在叶片表面，目前植物对$PM_{2.5}$具有强大的净化作用已成为相关研究领域的共识。以水杉林为例，在中午，水杉林里与空地$PM_{2.5}$密度的平均差值可达到$10.87\mu g/m^3$。通过遥感数据分析，武汉市植被覆盖度大于45%的区域，污染程度以中度、轻度和优良为主，说明增加植被覆盖对缓解空气污染具有重要意义。但是，如何评价城市公园的生态价值，使民众对于公园的生态价值有更好的认识，同时最大程度地发挥公园的生态价值成为一个重要课题。

基于计算流体力学开发城市环境仿真系统，其中包括城市公园及绿地模拟模块和绿地蓄水排水分析模块，确定在各种风环境条件下的公园空气质量，包括温度、空气清洁度、湿度，分析公园绿地、水面的质量和大小对于上述公园空气的各种参数的具体影响。开发绿地吸附数学模型、开发水面吸附数学模型，将这种影响反馈到整个计算中去。

（3）建设内容

1）构建GIS基础数据库。

搭建城市基础数据库，收集目标区域典型的气象数据与往年大气污染监测数据，并进行一一对应，构建气象与大气污染监测数据库。收集当地水文数据，构建水文信息数据库；收集植被信息，构建植被信息数据库。

2）构建城市公园、绿地模拟系统。

①构建公园、绿地净化能力分析模块，根据目标区域的典型气象条件和历年当地大气污染监测数据，设置模拟边界条件，分析公园植被对于可吸入颗粒物等大气污染物的

吸附作用，以可视化方式三维展示公园各处不同植被对于污染物的吸附作用，以定量的方式评估公园建设对于当地空气质量改善的实际效果，使民众对于公园的生态价值有更好的认识。进一步，该模块可对公园种植不同植被或不同布置方案进行对比分析，优化种植规划方案，实现环境效益最大化。

②构建公园、绿地通风能力分析模块，根据目标区域的典型气象条件，分析公园内部的空气流动行为，合理布局公园植被、建筑、道路，保证公园内部空气流动通畅，风速适宜，更加宜居；分析公园位置、规划对于城市整体风环境的影响，为公园布局、通风廊道规划服务。

③构建公园、绿地蓄水、排水分析模块，根据目标区域往年的水文特征、公园规划构建公园水环境仿真模型，分析公园绿地对于缓解城市内涝灾害的效果，分析公园排水系统承载能力，为海绵城市打造最大化公园含蓄水源、避免公园内涝的发生提供科学参考。

④构建公园、绿地氧含量分析模块，根据公园规划、植被种类及分布，分析在不同的气象条件和不同季节下，一天内公园O_2、CO_2含量的变化情况，并对仿真结果进行可视化形式三维展示，优化植被种植方案，使公园成为城市的天然氧吧。

（4）关键技术

系统求解器，基于计算流体力学开发城市公园及绿地模拟模块和绿地蓄水排水分析模块，用于确定在各种风环境条件下的公园空气质量，包括温度、空气清洁度、湿度，分析公园绿地、水面的质量和大小对于上述公园空气的各种参数的具体影响。

8. 大气污染防治

（1）背景介绍

《"十三五"生态环境保护规划》（国发［2016］65号）中明确指出，"支持生态、土壤、大气、温室气体等环境监测预警网络系统及关键技术装备研发，支持生态环境突发事故监测预警及应急处置技术、遥感监测技术、数据分析与服务产品、高端环境监测仪器等研发……"

在2016年发布的《国家创新驱动发展战略纲要》中指出，要"建立大气重污染天气预警分析技术体系，发展高精度监控预测技术"。

2018年6月16日,《中共中央 国务院关于全面加强生态环境保护 坚决打好污染防治攻坚战的意见》中指出,"开展大数据应用和环境承载力监测预警。开展重点区域、流域、行业环境与健康调查,建立风险监测网络及风险评估体系"。

生态环境主管部门在环保数据分析,尤其是利用监测数据实现未来大气环境预测、重污染天气预报预警、大气环境影响评价等方面存在一定的问题和现实需求。

基于此,城市仿真的城市大气环境精细化管理模拟系统,在计算流体力学(Computational Fluid Dynamics,CFD)与地理信息系统(Geographic Information System,GIS)的基础上,构建具有自主知识产权的城市环境仿真系统。同时,开发接口,将上述平台链接到城市管理平台上,使两者都能充分发挥作用。

(2)系统原理

城市大气污染物扩散模型如图8-10所示。

城市大气污染物扩散模型基于计算流体力学(Computational Fluid Dynamics,CFD)方法建立,主要由城市三维模型、污染源设定、气象数据、核心算法四部分组成,旨在

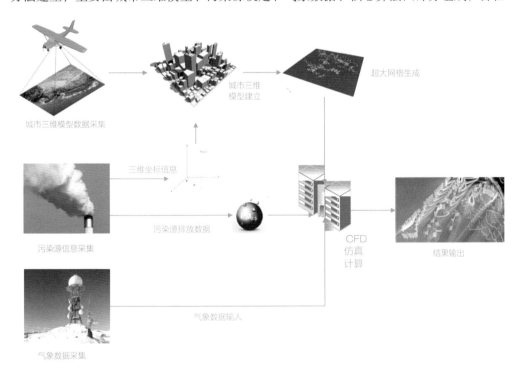

图8-10 城市大气污染物扩散模型图

分析城市污染源产生的大气污染物在各种气象条件下的扩散规律，对城市各种污染源对城市的影响进行分析，以时间和空间为尺度，绘制城市污染物分布地图，以及城市任意一点的任意污染源占比。

模型基于气相多组分的输运方程，支持城市规模的各类气体以及气溶胶污染物的扩散输运仿真，能够对PM$_{2.5}$、PM$_{10}$、SO$_2$、氮氧化物（NO$_x$）、CO、TSP、Pb、BaP等各类污染物项目进行仿真。通过压力耦合算法求解大时间步的速度、压力、密度瞬态场，再结合各气体组分的质量百分比输运方程的求解得各组分场。

模型考虑同组分不同源排放，城市不同功能区的排放、吸附作用，从而更精确地分析城市的污染物输运过程。可以标定同一组分（如PM$_{2.5}$）的不同排放源排放（如固定燃烧源、工业工艺过程源、移动源、生物质开放燃烧源、扬尘源等），通过计算求解分析不同排放源排放的同一组分的空间分布，分析各排放源对空气污染的贡献占比，提高减排治理的针对性。也可对城市中的生态公园、水域的吸附作用进行仿真研究，了解城市中对污染物有吸附作用的区域对城市中大气的净化速率及实现的效果，为城市各类功能区的合理布置提供更科学的依据。

（3）建设内容

1）构建高性能计算平台。

与常规工业、科研CFD计算不同，城市污染物仿真的基本模型尺度在几十至几千平方公里，建筑物数量巨大，个体差异显著，为确保计算精度，计算网格数量需要达到数亿至数十亿个。因此，构建高性能计算平台是系统运行的物质基础。

2）构建城市仿真基础数据库。

城市污染源数据库，按污染物产生的类型，建立工业污染源、生活污染源、交通污染源等污染源数据库，并转换为相应的点源、面源、体源，标定污染物排放的时间特征，同时建立数据接口，实现污染源数据的实时更新维护。

气象数据库，从气象部门收集典型气候特征下与重污染天气发生时的典型气象数据，建立气象基础数据库，作为城市环境仿真的基础气象模型。同时与气象数据实时连接，实现气象数据的实时更新，为实时仿真预测服务。

3）建立本地大气污染物扩散模型。

基于城市三维模型进行目标区域计算网格划分，根据区域典型气象信息设置边界条件，以污染源数据构筑相关点源、面源、体源，综合考虑地形、建筑、气象条件等对于模型精度的影响，进行模型试算、校验、修正，建立与本地实际相符合的大气污染扩散模型。

4）建立稳态模拟系统。

稳态模拟系统的主要目的是通过提供的稳态流场，实现重污染天气的快速仿真、快速应对。

稳态模拟系统基于本地大气污染物扩散模型，根据目标区域的各种典型气象条件，提前进行目标区域大气风环境稳态计算，建立稳态模拟数据库。在重污染天气或大气污染灾害发生时，根据当时的气象条件选择相应的稳态模拟数据库中既存数据，加载相应的工业、交通污染源信息与应急预案，即可对当前气象条件下污染物随时间的变化过程以及应急方案的实施效果进行快速分析，精准预测，形成污染物扩散演进的三维分布图、应急预案实施效果图，评估应急预案实施效果，并且可精确得到目标区域内任一位置（三维空间）多种污染物各自的浓度随时间的变化趋势，对问题进行定量分析。一方面，系统支持以CFD方法定量描述大气污染物从源到受体所经历的物理化学过程，定量估算不同地区和不同类别污染源排放对环境空气中颗粒物的贡献，实现大气颗粒物来源解析；并且基于城市典型气象条件稳态模拟系统，可提供目标区域精确的城市空气流动情况分析；为城市通风廊道规划服务。另一方面，利用污染源历史数据进行稳态仿真，通过与历史监测数据的对比，可实现本地大气污染物扩散模型的校核，提升模型精度。

5）建立瞬态模拟系统。

瞬态模拟系统可以针对非稳定的污染源，以及随时间变化的瞬时气象条件，实现城市大气污染物扩散随时间变化的精细模拟。

瞬态模拟系统以"本地大气污染物扩散模型"为基础模型，根据实时及未来气象、污染源数据进行实时演算，结果动态输出，对环境的未来发展趋势进行预测，提供未来污染三维演化态势图，使决策者对未来环境的演化有直观的认识，为重污染天气的及时预防、应急方案的及时启动提供科学依据。

瞬态模拟系统还可以对域内新增污染源在各种气象条件下的扩散规律，以及对城市的影响进行分析，以时间和空间为尺度，绘制城市污染物分布地图，及城市任意一点的任意污染源占比，绘制污染源影响力三维地图，为污染源大气环境影响评价、合理布局、污染防治服务。

（4）关键技术

城市大气污染物扩散模型基于CFD的气相多组分的输运方程建立，支持城市规模的各类气溶胶污染物的扩散输运仿真，能够对$PM_{2.5}$、PM_{10}、SO_2、氮氧化物（NO_x）、CO、TSP、Pb、BaP等各类污染物项目进行计算仿真（图8-11）。可实现不同污染源多种污染物扩散的定量计算，支持城市生态公园、水面吸附作用仿真研究。同时，模型支持多种类污染源（如工业、交通、民生）、多类型（点源、面源、体源）污染源的自动生成，实时更新。因为模型为三维计算，所以道路多以面源的形式构建，部分污染源以体源的形式存在，如图8-12所示。

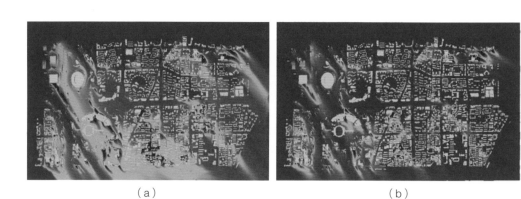

（a）　　　　　　　　　　　　　　　（b）

图8-11　在不同的排放强度下PM_{10}三维分布对比（a>b）

图8-12　某城区车辆排放的颗粒污染物对周边区域的影响仿真分析

8.4.4　城市建设应用

在城市规划管理和建设过程中，运用城市仿真技术可以让城市规划建设人员从多个角度对数字城市进行观察，更高效地协调数字城市环境，理性、全面地分析数字城市。城市规划建设中，城市仿真技术改变原有抽象化概念，能让人们获取更加直观的概念信息，对集成数据进行模拟和分析，从而为城市规划提供更加智能和虚拟化平台，促进我国城市规划科学发展。城市仿真技术可以反映城市的三维地形，高效处理数字城市相关数据，动态分析城市规划建设信息。

城市仿真技术可以避免在城市规划前期进行不切实际的规划设计，并通过城市信息模型及可视化系统，进行模拟仿真，动态评估规划建设方案的影响，确保综合效益最优化。

8.4.5　城市运维应用

通过城市仿真，可分析雾霾等大气污染现象；明确城市间大气污染治理责任；优化城市洪水及内涝预测应急方案；预测及优化海绵系统方案；分析城市热岛，合理绿化城市。可强化城市管理系统的预测能力、强化城市管理系统可视化能力、强化城市系统的综合管理能力。

8.4.6　城市仿真案例

2019年7月，上海浦东临港与阿里云合作建立起一套全新的智慧城市精细化管理模式，可实现交通仿真推演、无人机自动巡查、建筑工地污染防控、海岸线巡逻预警、旅游趋势预测等。

"智慧临港BIM+GIS城市大数据平台"是国内外首个城市级地理建筑设施融合的数据平台，覆盖整个临港315平方公里城市空间，包括2D GIS地图、3D GIS地图、典型建筑对象化BIM模型可全面展现、查询到所有的地理和设施的要素，既包含道路、建筑等重要设施的高度、坐标等地理数据，也包含管委会、滴水湖地铁站等重要建筑的内部结构、房间布局、管线铺设等对象化设施数据。这样的一个虚拟城市远胜当前主流的"三维城市",主流的"三维城市"仅达到城市外表面模型的3D GIS Lod2/3级别,而临港虚拟城市构建的是从建筑内到建筑外、从地面到地下的全方位三维模型,达到Lod4级别,并可精细到每个路灯、每个变电箱进行对象化管理。在这样一个虚拟城市模型底图上,基于时空标定和数据融合打造城市运行大数据平台,完成城市人流、迁徙、车流、人流密度,以及交通流量等各类数据的动态采集,汇聚关联,统一呈现,多规合一,从而实现整个城市尺度的动态管理和决策支撑。

"BIM+GIS"城市大数据平台为城市景观规划、大客流交通、安防应急等应用提供了一个预测规划、仿真推演和决策支撑的平台。在应对大客流的关键问题上,临港在BIM+GIS平台基础上构建了交通仿真系统,这个系统可设置车流量、停车场、车道、红绿灯、诱导牌等多个预案要素,通过人工智能AI对各种不同方案组合进行仿真,评估每种方案的效果,包括拥堵路段的位置,拥堵开始的时间,拥堵程度的量化数值,最大承受的车流量等,这个可以无限次复盘的仿真系统,将帮助城市管理者找到最优应对预案和优化策略。

8.5 数字孪生的实践

数字孪生(Digital Twin)作为践行智能制造、工业4.0、工业互联网、智慧城市等先进理念的使能技术与手段,近期备受学术界和企业界关注。数字孪生城市已成为各地政府推进智慧城市建设的主流模式选择,产业界也将其视为技术创新的风向标,发展的新机遇。

8.5.1 概念与应用

数字孪生是充分利用物理模型、传感器更新、运行历史等数据,集成多学科、多物理量、多尺度、多概率的仿真过程,在虚拟空间中完成映射,从而反映相对应的实体装备的全生命周期过程。

在传统数字孪生三维模型已无法满足现阶段技术发展和应用需求的情况下,国内有学者提出了数字孪生五维模型，包括物理实体、虚拟实体、服务、孪生数据和连接五个维度，并且分析了数字孪生五维模型在卫星、船舶、车辆、发电厂、飞机、复杂机电装备、立体仓库、医疗、制造车间、智慧城市十个领域的应用思路和方案。

8.5.2　数字孪生的技术平台

与传统智慧城市相比，数字孪生城市技术要素更复杂，不仅覆盖新型测绘、地理信息、语义建模、模拟仿真、智能控制、深度学习、协同计算、虚拟现实等多技术门类，而且对物联网、人工智能、边缘计算等技术赋予新的要求，多技术集成创新需求更加旺盛。

1. 城域物联感知平台

城域物联感知平台是数字孪生城市的基础性支撑平台，以全域物联感知和智能化设施接入为基础，以统筹建设运维服务为核心，以开放共享业务赋能为理念，服务于设备开发者、应用开发者、业务管理者、运维服务者等各参与者，向下接入设备，兼容适配各类协议接口，提供感知数据的接入和汇聚，支持多级分布式部署，推进信息基础设施集约化建设，实现设备统筹管理和协同联动；向上开放共享数据，为各类物联网应用赋能，支撑物联数据创新应用的培育。物联感知平台是数字孪生城市与真实世界的连接入口，泛在感知粒度决定数字孪生城市的精细化程度。

2. 城市大数据平台

中国信息通信研究院2019年颁布的《数字孪生城市研究报告》中指出，数字孪生城市的数据资源体系具备三个特征：从政务信息资源到城市大数据的转变、与物理世界动态连续映射、从封闭割裂到有机整体的跨越。

数字孪生城市以城市信息模型为底座，以物理实体映射的一个个数字孪生体为对象，将城市大数据作为对象的属性进行叠加。城市大数据平台以城市BIM数据为骨架，整合城市规划、建设、管理等数据，同时不断融入物联网感知数据、位置数据和各种运行数据，保证城市数据的实时性，展示城市真实运行状态。除此之外，通过对接已建政务系统、行业系统的政务数据和行业数据，实现城市数据的协同共享。

通过对基础数据进行识别、标识、关联和运用知识图谱等方法进行融合处理之后，城市大数据平台对外提供包括基础数据、空间数据、业务数据和专题数据的各层次数据服务。

目前，我国部分城市已提出建设城市级大数据平台，但内涵与数字孪生城市数据平台仍存在较大差距。

3. 城市信息模型平台

实时映射的城市信息模型平台是数字孪生城市建设的核心，是刻画城市细节、呈现城市趋势、推演未来趋势的综合信息载体。城市信息模型平台是指具有城市语义信息的三维模型，是语义建模的数据成果，其核心功能主要由模型数据源采集、模型平台构建、数据呈现与模型渲染三大部分组成。

城市信息模型平台构建的基础是多源模型数据采集，常见方法是通过三维建模软件、三维极光扫描、航空摄影测量、移动测绘系统等对包括基础地理数据、城市街景数据、倾斜摄影数据、激光点云数据等多源异构数据进行采集。城市信息模型平台作为数字孪生城市运行"骨架"，利用多种建模技术按顺序加载数据组建而成，并可以对建筑物、桥梁、停车场等部件进行单体化处理。城市信息模型平台赋能业务应用的核心基础是实时数据呈现和模型渲染。通过全面激活数据资源价值，运用深度学习、模拟仿真等技术，城市信息模型平台不仅可以可视化展示城市运行状态，还可以模拟管理者决策，支撑城市管理者制定全局最优化解决方案。

4. 应用支撑赋能平台

应用支撑赋能平台是城市关键共性技术、应用开发组件和城市模型服务组件的模块化封装集成平台，是整个数字孪生城市的"决策大脑"。

与智能城市赋能平台相比，数字孪生城市的应用支撑赋能服务在提供场景信息、获取物体实时数据及历史数据、提供事件仿真和模拟变化过程、实施不同程度渲染效果方面具有优势。

总体上看，应用支撑赋能平台的底层核心技术使能实力较强，但面向城市部件、事件、业务流等实时要素的模型服务仍是最大短板。

8.5.3　数字孪生与新基建

新基建未来会助力建设新型智慧城市，数字孪生因感知控制技术而起，因综合新基建技术集成创新而兴。数字孪生城市则是在城市累积数据从量变到质变，在感知建模、人工智能等信息技术取得重大突破的背景下，建设新型智慧城市的一条新兴技术路径，是城市智能化、运营可持续化的前沿先进模式，也是一个吸引高端智力资源共同参与，从局部应用到全局优化，持续迭代更新的城市级创新平台。

数字孪生城市运行生命体态特征从整个数字城市、城市状态、城市关键特征、城市部件的生命体态特征等提炼出来，形成一套物理城市运行与数字城市运行相关联的体系，需要对城市定义统一的数据标准，进行城市数据交换、运行平台搭建等主要环节。

新基建能够对建筑物和城市构筑物赋予全生命周期唯一的"身份证"，实现建筑物体系全要素、城市项目全产业链、全价值链互联的基础，是实现供应链系统和生产系统精准对接、产品全生命周期管理和智能化服务的重要前提，构建建筑物及城市部件的全生命周期管理体系。

新基建的众多物联网开放感知平台，可作为智慧城市的感知中枢，汇聚城市多元化感知数据，并通过人工智能、云边协同计算等前沿技术，为城市提供智慧化服务，推动智慧城市生态的形成，构建数字孪生城市，加速建设新型智慧城市。

新基建是服务于数字经济的新型基础设施，建设智慧城市本身就是发展数字经济。因此，发展新基建就是给智慧城市建设打基础。根据现行国家标准《智慧城市　技术参考模型》GB/T 34678—2017，智慧城市产业可分为：感知物联层、网络通信层、计算存储层、数据与服务融合层及智慧应用层。数字经济以物联网、云计算、大数据、人工智能、5G 通信等新兴技术产业为代表，二者可谓相辅相成。从本质上来说，智慧城市建设的内容，就是新基建聚焦的主要方向，新基建的建设也是智慧城市（城市群）的重要应用。

8.5.4　数字孪生与CIM标准体系

数字孪生城市在传统智慧城市建设所必需的物联网平台、大数据平台、共性技术赋能与应用支撑平台基础上，增加了城市信息模型平台。该平台不仅具有城市时空大数据平台的基本功能，更重要的是成为在数字空间刻画城市细节、呈现城市体征、推演未来趋势的综合信息载体。

目前，城市信息模型CIM可以参照国际标准组织OGC框架下的CityGML标准实现。城市信息模型是实时全映射物理城市的呈现载体和展示窗口，在城市信息模型下能实现物理空间和数字空间的双向映射，达到万物互联、虚实交融的效果。通过物联网传感器采集到具有时间标识的城市运行数据，反映到城市信息模型中，将静态数字城市升级为可感、动态、在线的立体化数字孪生城市。

8.5.5　数字孪生与智慧城市

1. 验证

依托数字孪生城市，城市的规划布局、道路建设、交通优化、关系百姓民生的各类政策出台均可通过数字化模拟，进行效果验证、成效体验等，为科学决策和精准治理奠定基础，避免规划冲突、资源分配不均衡和城市发展不充分现象。

2. 预测

数字孪生可以结合深度学习算法，对城市各区块的车流、人流情况进行预测，提前进行管控分流，以缓解交通拥堵情况。在航空领域，则可以对航班历史数据进行学习，预测航班起落时间。在市政管理方面，通过将结构化数据与深度学习算法结合，市政设施管理可以变为预测性维护。此外，利用数字孪生以及虚拟现实技术，可以给用户模拟一个真实的突发灾难场景，让人们在面对无法预测的灾害面前作出合理正确的反应。

3. 智能决策

数字孪生技术可以利用高度逼真、场景丰富的仿真平台，基于真实道路数据、智能模型数据和案例场景数据对自动驾驶车辆进行测试和训练，提升智能驾驶的决策执行力和安全稳定性，加速无人驾驶更加安全地落地推广和普及。

4. 城市建设管理

城市建设项目具有规模大、复杂度高、周期长、涉及面广等特点，项目管理十分困难，整个项目的进度和质量难以科学管控。利用数字孪生技术，不仅可以全要素真实还原复杂多样的施工环境，进行交互设计、模拟施工，还可赋予城市"一砖一瓦"以数据属性，确保信息模型在城市建设全生命周期不同阶段的信息交换。

在建设项目的设计阶段，利用数字孪生技术，构建还原设计方案周边环境，一方面可以在可视化的环境中交互设计，另一方面可以充分考虑设计方案和已有环境的相互影响，让原来到施工阶段才能暴露出来的缺陷提前暴露在虚拟设计过程中，方便设计人员及时针对这些缺陷进行优化，同时还可以对施工提供辅助参考。

在施工阶段，可以利用数字孪生技术中对象具有的时空特性，将施工方案和计划进行模拟，分析进度计划的合理性，对施工过程进行全面管控。例如，可以事先模拟大型设备吊装方案，在实景三维虚拟环境下检查项目设计和施工能力，通过动态碰撞分析，检测物体运动过程中可能潜在的碰撞。

项目建设完成进入运营维护，其设计、施工数据将全面留存并导入同步建成的数字孪生城市，构建时空数据库，可实时呈现建成物细节，并基于虚拟控制现实，实现远程调控和远程维护。

此外，还有学者总结出数字孪生在城市建设管理中的主要优势：（1）数字孪生是全方位、全生命周期的系统，数字孪生可以储存和处理城市从规划、设计、建设到管理等各个阶段的数据，为城市管理提供了数字化的平台，也为各种前沿技术的融合提供了物理与数字基础。（2）数字孪生是实时在线、虚实融合的系统。基于数字孪生的城市管理，可以将城市的实时数据源源不断地上传至数字孪生平台，使城市管理者作出快速、合理的决策，用数据驱动整个城市的管理。（3）数字孪生是高度智能、自主进化的系统。未来，随着与人工智能的融合发展，数字孪生将实现自主的进化和迭代，形成"城市大脑"，升级原有的城市建设与管理模式。

5. 城市运维管理

数字孪生城市立足城市运行监测、管理、处理、决策等要求，将各行业数据进行有机整合，实时展示城市运行全貌，形成精准监测、主动发现、智能处置的城市"一盘棋"治理体系。

利用城市信息模型和叠加在模型上的多元数据集合，打造精准、动态、可视化的数字孪生城市大脑，通过智能分析、模拟仿真，洞悉人类不易发现的城市复杂运行规律、城市问题内在关联、自组织隐性秩序和影响机理，制定全局最优策略，解决城市各类顽疾，形成全局统一调度与协同治理模式。借助智能大屏、城市仪表盘、领导驾驶舱、数字沙盘、立体投影等形式，可"一张图"全方位展示城市各领域综合运行态势，并根据不同主题分级分类呈现，帮助城市决策者、管理者、普通用户从不同角度观察和体验城市发展现状、分析趋势规律。

此外，在数字孪生城市中，基于标准统一的城市部件数字编码标识体系和空天地全方位立体部署的物联感知设施，能够为各类城市部件、基础设施甚至是动植物等生命体赋予独一无二的"数字身份证"，实现对城市部件的智能感知、精准定位、故障发现和远程处置。

第9章　智慧城市标准与评价

9.1　智慧城市标准现状

9.1.1　智慧城市标准体系

1.　标准体系建设意义

智慧城市是一个多应用领域、多层次结构的复杂巨系统，需要对不同领域、不同系统、不同类型的海量数据进行采集、存储、处理、整合、挖掘和交换。为了支撑各类行业应用，必须建立统一的公共信息服务平台。既要链接新建的系统，还要改造、提升原有的老系统；既要考虑内部各个层次和模块间协调配合，还要考虑外部的支撑条件，且要适应新技术的不断发展等。因此，在智慧城市顶层设计和指标体系确定后，智慧城市标准体系（包括标准体系框架和标准明细）的建设是必不可少的。

特别指出的是，在我国数以百计的智慧城市（区、镇）正在筹建、规划或已在实施的状况下，为了科学、健康、有序地开展智慧城市建设，避免城市间信息资源割裂、智慧城市孤岛林立的情况出现，建立全国统一、完整的标准体系来支撑智慧城市的规划、建设、管理、运营、服务非常重要。

为全面支撑智慧城市建设，配合智慧城市试点工作，一套科学合理的、系统的、可操作的标准化体系，应实现以下目标：

（1）为智慧城市试点提供标准化技术支撑

落实智慧城市试点指标体系中的要求，全面支撑指标体系，为指标体系提供可量化、可评估的具体技术要求。

（2）为智慧城市建设提供标准化技术参考模型

为智慧交通、智能电网、智慧社区等专项应用，以及各地方政府的智慧城市建设提供统一的技术参考模型、软（硬）件接口、互操作和通信协议、安全要求，以便于各专项应用之间能有效地实现互联互通、信息共享、业务协调和安全保密，促进跨部门的业务协调和综合化应用。对于各地方来说，提供科学的、合理的智慧城市方案，可以避免盲目的智慧城市建设。

（3）推进城镇化、信息化深化应用

在住房城乡建设部现有信息化建设的基础上，进一步整合现有资源，深化住房城乡建设部的城镇化、信息化应用。

（4）促进相关智慧产业发展

在经济全球化的形势下，世界各国之间的经济关系越来越紧密，技术和产品也越来越紧密。在制定我国智慧城市标准体系的同时，努力将智慧城市国家标准国际化，力争发布为ISO、IEC、ITU等国际标准，进一步促进物联网、云计算等新一代信息技术产业发展。同时，通过智慧城市标准体系建设，促进城市的产业规划、产业转型和升级、新兴产业发展。

2. 智慧城市标准体系结构

智慧城市标准体系结构是编制智慧城市标准体系的基础，对智慧城市规划的实现起着支撑作用，可体现智慧城市的总体构成、行业和专业的划分以及相互之间的关系，从而方便地描绘出智慧城市标准的体系结构和层次结构。智慧城市体系结构如图9-1所示。

结合智慧城市特征和组成，提出智慧城市（区、镇）的建设是要通过综合运用现代科学技术、整合信息资源、统筹业务应用系统，加强城市规划、建设和管理。通过建设信息通信基础设施、公共信息平台项目等，将物联网应用与互联网应用整合起来，实现各类信息高度共享、各类要素全面感知、各类系统互联互通和协同运作的目标，从而构建起城市发展的智慧环境，并在此基础上不断进行科技和业务的创新，形成便捷、灵活、高效、优质的城市生活、产业发展、社会管理和公共服务。

智慧城市体系结构的重要性表现为：①体系结构有助于加强智慧城市建设的指导作

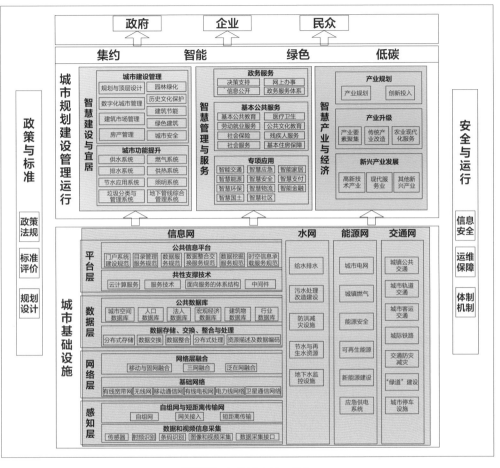

图9-1 智慧城市体系结构

图片来源：郭理桥. 智慧城市导论 [M]. 北京：中信出版社，2015

用；②体系结构突出了早期设计决策，这些决策对随后的所有工作有深远的影响，同时对系统作为一个可运行实体的最后成功有重要作用；③体系结构构建了一个简明扼要的、易于理解的模型，该模型描述了系统如何构成以及如何工作。

3. 智慧城市标准体系框架

为了更有效地加快我国智慧城市建设的进程，使不同城市有切合实际的、可参照的标准，需要加快标准的研究制定进程。在参照《智慧城市（区、镇）试点指标体系（试行）》

和智慧城市体系结构的基础上，通过深入研究智慧城市建设指标体系，科学搭建智慧城市标准体系框架，可为将来进行智慧城市的标准制定提供重要、完备的指导。同时，标准体系可以体现不同标准之间的联系，保障研发、设计、配置、服务等一系列环节的可靠性与科学性。

智慧城市标准体系框架主要反映智慧城市标准体系的总体组成、类别及层次结构关系，是对智慧城市标准体系的概括。编制智慧城市标准体系以信息化、标准化理论为指导，按照标准体系建设的理论和方法，体现了标准体系的科学性、系统性、协调性、先进性、通用性、兼容性、可操作性、可预见性、可扩充性和综合实用性。

本标准体系中的标准为智慧城市（区、镇）各领域已颁布实施的、正在制定的或计划制定的国家标准和行业标准，其范围涵盖智慧城市的物联网、互联网、通信、中间件、数据编码、数据交换、GIS等多方面的技术规范要求，也包括智慧城市各子系统和各汇聚节点进行信息交互，实现应用服务的数据格式、通信协议和应用管理描述等方面的规范要求。

本标准体系根据市场需求和产业发展需要，考虑技术产品未来发展趋势，遵循完整、协调、先进和可扩展的原则。对跨领域覆盖了多个行业标准的，一般情况下将直接采用这些领域已有的国家或行业标准，不再重复制定。例如，"感知层标准"将全部采用传感器网络标准，网络平台标准下的通信承载网标准也是沿用现有的国家标准，此外像智能计算、Web服务、SOA应用标准、通用数据编码标准等，将积极参与标准的制定和推广应用。

智慧城市标准体系框架包括：0总体标准、1基础设施、2建设与宜居、3管理与服务、4产业与经济、5安全与运维六大类标准，分5个层次表示，涵盖18个技术领域，包含126个分支的专业标准。其相互关系如图9-2所示。

标准体系表是标准体系的主要表达方式，也是标准体系的主要内容，是对标准体系的展开。

需要指出的是，由于智慧城市系统的设备、系统和服务种类繁多，相关领域技术发展迅速，为了保持标准体系的可持续性、与技术发展的同步性，标准的研究制定将会根据新业务的需要不断完善扩充。同时，为了保证标准中数据、指标来源的客观性、可靠性和科学性，必须建设必要的配套技术验证和检测平台。

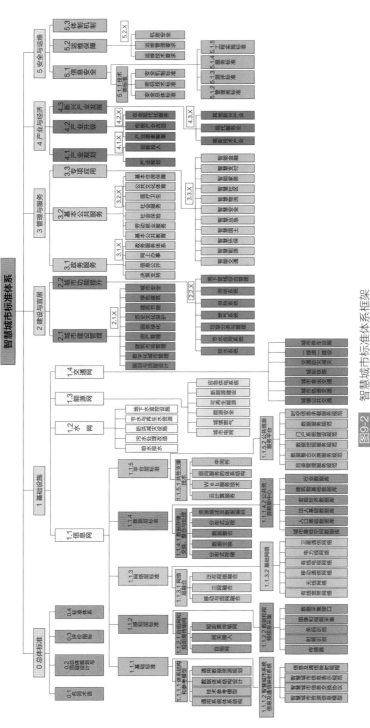

图9-2　智慧城市标准体系框架

图片来源：郭理桥．智慧城市导论［M］．北京：中信出版社，2015

　　本标准体系根据智慧城市建设的要求，汇集了各应用服务项目的标准化要求，借鉴了一些先行城市已有的经验，选择了一些地方标准，供各城市（区、镇）参考和引用。在这些应用中，应积极总结各个地方执行情况，编制统一的国家标准，以促进先进标准的推广应用，并实现全国城市间的互通互联，完成智慧中国的建设。

9.1.2　智慧城市标准实践

　　1. 智慧城市试点城市

　　（1）国家第一批试点智慧城市

　　住房城乡建设部于2012年12月5日正式发布了《关于开展国家智慧城市试点工作的通知》，并印发了《国家智慧城市试点暂行管理办法》和《国家智慧城市（区、镇）试点指标体系（试行）》两个文件，开始试点城市申报。办法指出，建设智慧城市是贯彻党中央、国务院关于创新驱动发展、推动新型城镇化、全面建成小康社会的重要举措。住房城乡建设部与第一批试点城市（区、县、镇）代表及其上级人民政府签订了共同推进智慧城市创建协议。经过地方城市申报、省级住房和城乡建设主管部门初审、专家综合评审等程序确定。

　　由住房城乡建设部组织创建的首批国家智慧城市试点共90个，其中地级市37个、区（县）50个、镇3个。经过3—5年的创建期，住房城乡建设部对这些试点城市（区、镇）进行评定，评定等级由低到高分为一星、二星和三星。

　　走新型城镇化道路是党中央、国务院加快新经济模式形成、促进我国经济持续健康发展的重要战略部署，集约、低碳、生态、智慧等先进理念融合到城镇化建设的具体过程中，是新型城镇化建设的最紧迫课题之一。住房城乡建设部在充分研究、认真调研、广泛征求意见的基础上，从解决城市实际问题入手，提出并推动智慧城市试点创建工作。此次试点城市（县、镇）的有益实践，从不同的角度对城市的发展提供了更多支持。其重要内容是从方法论高度，重新认识城镇化发展和规划，智慧地规划和管理城镇，智慧地配置城市资源，优化城市宜居环境，提升城市文化的传承和创新，最终促进市民的幸福感提升和城市的可持续发展。

（2）国家第二批试点智慧城市

2013年8月5日，住房城乡建设部对外公布了2013年度国家智慧城市试点名单，共确定103个城市（区、县、镇）为2013年度国家智慧城市试点。此次智慧城市试点名单距1月29日首次公布试点名单只有7个月的间隔，由此也可以看出国家对于智慧城市工作推进的决心。

在103个第二批试点城市名单中，市区级83个，县（镇）级20个，除此之外，新增首批试点扩大范围9个。通过对比两次试点名单，不难发现，此次试点城市的重心虽然仍在南方及沿海城市，但已经有越来越多的西部城市申请成功。

（3）国家第三批试点智慧城市

2015年4月7日，住房城乡建设部和科技部公布了第三批国家智慧城市试点名单，确定北京市门头沟区等84个城市（区、县、镇）为国家智慧城市2014年度新增试点，河北省石家庄市正定县等13个城市（区、县）为扩大范围试点，加上2013年8月5日对外公布2013年度国家智慧城市试点名单所确定的103个城市（区、县、镇）为2013年度国家智慧城市试点，以及住房城乡建设部此前公布的首批90个国家智慧城市试点，国家智慧城市试点已达290个。

住房城乡建设部与科技部联合开展的第三批国家智慧城市试点，促使城市政府和牵头部门，更注重城市问题和需求的调研，从城市自身规律的规划、建设、管理、运行的角度思考城市发展，且更注重后期的运营和维护，纷纷强化投融资规划和产业落地，以及资金落地工作，促使城市政府更集约地统筹城市资金和项目。试点城市政府都纷纷通过顶层设计，严格梳理公益性、商业性和混合型项目，尽可能发挥市场参与的作用，走"政府引导、市场主体"的发展路子。

我国智慧城市成长的空间分布规律十分明显。无论是观察期初还是期末，东南沿海地区都处于HH或HL这样的高水平区域；而西部地区普遍处于LL或LH这样的低水平区域。这说明经济发展良好的地区对智慧城市建设提出更高的要求，而西部地区由于其经济发展水平较低，导致其不能获得较好的智慧城市建设资源，甚至可能有资源流失的现象，再加上处于一个智慧城市成长水平较低的环境里，导致本区域智慧城市成长水平不高。智慧城市的评价工作需要考虑诸多因素，各地智慧城市发展也需因地制宜，走适合且有效的发展路子。

2. 国际智慧城市试点情况

ISO（国际标准化组织）是一个世界性的国际标准组织联合会（ISO会员机构）。ISO智慧城市标准体系以及对标国际先进标准是引导智慧城市健康发展的重要手段，是促进信息资源汇聚、共享和开发利用的基础支撑，是推进云计算、物联网、大数据等智能技术规模化应用的必要条件。

ISO/TC 268/SC1 Smart urban infrastructure metrics（智慧城市基础设施计量分技术委员会）负责智慧城市基础设施的标准化工作，为城市基础设施智能化提供全球统一的标准。

2017年10月22—26日，ISO/TC 268/SC1在墨西哥举行的国际智慧城市试点工作会议上作出决议，成都市与广东佛山市南海区成为10个国际标准试点中首批率先启动试点工作的城市。ISO计划在全球范围内遴选10个城市作为智慧城市标准试点，在2018年ISO/TC 268/SC1第七次全体工作会上，合肥市也成功入选国际智慧城市试点。

3. 智慧城市试点城市案例

（1）ISO智慧城市国际标准试点——成都

成都市是四川省省会、副省级城市，面积1.43万平方公里，常住人口近1600万人，是中国西部地区重要的经济中心、科技中心、文创中心、对外交往中心和综合交通枢纽。成都是"首批国家历史文化名城"和"中国服务型政府十佳城"之一，是全国统筹城乡综合配套改革试验区、国家信息化试点城市、首批中国软件名城、国家信息消费试点城市。成都市政府高度重视智慧城市建设，将其作为重点内容纳入国民经济和社会发展规划，制定出台了国民经济和社会信息化发展、政务数据资源整合共享、通信枢纽建设、物联网、云计算应用、软件与信息服务业发展等一系列规划和配套政策，从完善政策环境、健全体制机制、创新市场合作模式、推动智慧产业发展、提升社会公共服务、完善城市基础设施等方面着力，大力推进成都智慧城市建设。

2017年12月25日，ISO智慧城市国际标准（中国区）首批试点工作会在成都举行。会议隆重举行了ISO智慧城市国际标准首批试点城市启动授牌仪式，并发布《智慧城市国际标准试点成都共识》。成都市围绕建设全面体现新发展理念的国家中心城市，大力实施"互联网+城市"行动，推进新型智慧城市建设。在智慧城市建设发展过程中，城市各部门资源整合共享是关键和核心，但目前大多城市部门还存在信息孤岛、数据壁垒、标准不一等问题。智慧城市标准体系是促进信息资源汇聚、共享和开发利用的基础支撑，是引导智慧城市健康发展的重要手段。通过ISO智慧城市国际标准的试点，以更高的标准来解决资源整合难的问题，积极引导成都向更健康、绿色、智慧的方向发展。

ISO 3715X系列国际标准在成都进行试点论证，旨在引导成都在智慧城市建设中有章可循、有据可依。参照国际标准，结合成都市现状和未来发展，实现国际标准本地化，以指导成都智慧城市的建设和发展。通过国家标准试点实施，实现智慧城市建设战略规划和国际标准到地方标准的转化，推进成都智慧城市建设进程，促使成都在基础设施建设与发展等方面更加智能化、信息化、绿色化。同时作为首批试点城市，成都市按照试点工作要求积极为智慧城市国际标准应用贡献力量。

通过两年的工作实施，初步实现国际标准的成都本地化转化实验，形成相应的地方标准；建立起成都智慧城市基础设施绩效评价指标体系，并对相关基础设施指标进行CIMM成熟度评价以及PDCA循环优化改善建议；促进成都智慧城市基础设施项目建设全生命周期管理体系更加规范化和系统化；推进成都智慧城市数据交换共享系统、平台的建立，推动成都市各部门横向纵向资源共享，形成成都市高效统一、实时更新、精准可靠的信息资源综合体，不断引导和推进成都智慧城市基础设施的建设，助力成都智慧城市建设整体发展。根据ISO 3715X系列智慧城市国际标准，对成都试点进行了标准应用示范，对成都智慧城市基础设施建设和发展进行了优化提升以及测试评估，形成国际标准应用和转换的反馈机制，实时了解成都智慧城市发展的现状和问题，以便及时调整其发展方向和重点，更好地促进成都智慧城市的建设发展。

（2）ISO智慧城市国际标准试点——佛山南海

佛山市南海区地处粤港澳大湾区珠江三角洲腹地，毗连广州，面积1073.82平方公里。南海区作为改革开放先行区，曾以"六个轮子一起转"，创造县域经济发展的"南海模式"，民营经济率先发展壮大，创造了跻身广东"四小虎"的发展传奇。南海区城市建设和发展一直走在全国前列，2017年，荣获"2017中国最具幸福感城市"称号。2018年，南海连续五年被评为全国综合实力百强区第二，连续三年被评为全国创新创业百强区第二（广东省第一）。城市发展稳步前进，随时代变迁而不断进步。随着智慧城市的持续推进，南海区积极响应国家政策，结合自身发展优势，积极推进智慧城市的建设发展。2014年，南海区成立了全国首个区级数据统筹局，将分散在各部门的数据收集起来，统一进行提质、分析和应用，并承担起各部门之间的数据统筹协调工作。南海数据统筹局已拥有3.1亿条数据，凭借强大的数据库基础，南海在智慧政务、智慧国土、智慧环保、智慧水务、智慧交通、智慧住建、智慧民政、智慧城管等多个领域都有了实践积累。2017年9月，南海发布《佛山市南海区新型智慧城市建设三年行动计划（2017—2020年）》，与阿里巴巴、腾讯等21家巨头签订大数据建设项目。2017年10月举办的"第三届中国（广东）国际'互联网+'博览会"上，南海与华为就新型智慧城市建设及云计算产业进行全方位合作，预计带动产业聚集规模约400亿元。南海对接这些强大的技术资源，一方面是要继续完善智慧城市的建设和管理，另一方面还将利用云计算和大数据应用对接南海产业集群，帮助南海企业提升管理和效率，带动产业发展。

2017年12月25日，ISO（国际标准化组织）智慧城市国际标准（中国区）首批试点工作会和授牌仪式在成都市举行，首批国际智慧城市标准先期试点也于本次会议正式启动，南海区作为首批试点之一，积极响应和推进国际标准试点工作。

南海区ISO 3715X系列国际标准论证的实验，结合南海区智慧城市及相关标准建设发展情况，通过ISO 3715X系列国际标准指导南海区各类基础设施安全、高效地进行建设，并对南海区城市智慧化涉及的各行业各领域提供标准化的数据资源和数据服务，进而实现各智慧应用的信息共享、整合集成以及跨部门、跨行业的业务协同，提升城市资源监控、管理和服务能力，从而保证城市规划的科学性、城市功能的连续性和城市发展的可持续性，让城市更安全、友好和宜居。

通过两年的试点工作，充分调动南海区各部门参加智慧城市建设的积极性，搭建智慧城市基础设施建设运营、数据交换与共享的大数据库和信息平台系统，初步建立起智慧城市建设的智库。在试点期间，南海区持续完善智慧城市标准体系和框架，并构建了智慧城市基础设施绩效评价的原则和指标体系，逐步推动智慧城市基础设施建设运营过程中数据的交换与共享，为南海区今后城市建设和智慧发展奠定了殷实的基础。

（3）ISO智慧城市国际标准试点——合肥

合肥市是安徽省省会，地处中国华东地区、安徽中部、江淮之间，环抱巢湖。合肥是长三角城市群副中心，综合性国家科学中心，"一带一路"和长江经济带双节点城市，合肥都市圈中心城市，皖江城市带核心城市，G60科创走廊中心城市。近年来，合肥城市数字化、网络化、智能化水平显著提升，信息化应用全面渗透民生保障、城市管理、政府服务等领域，数字惠民效果逐步显现，数字管理能级明显提升，电子政务效率持续改善。

在2018年国际标准化组织ISO/TC 268/SC1第七次全体工作会上，中国合肥、日本川崎、英国剑桥正式入选"智慧城市国际标准试点城市"。而在此之前，四川成都和广东佛山南海区作为首批试点城市，已开展相关工作。在此次会议上，合肥成功入选试点城市，在智慧城市建设上迈出重要一步。

入选智慧城市国际标准试点城市后，合肥被正式授牌开展相关试点工作。与国家智慧城市试点相比，智慧城市国际标准试点更加侧重于"标准"的运用。合肥市政府高度重视智慧城市标准建设工作，支持开展标准化试点示范工作，推动全社会运用标准化方式组织生产、经营、管理和服务。目前合肥国际标准试点工作正在如火如荼地开展，积极与国际标准等高对接，以智慧城市国际标准试点城市建设为契机，进一步强化顶层设计，全力推进跨部门资源整合应用，深化信息惠民重点项目建设，推动智慧城市相关产业链和产业集群发展，努力成为区域性乃至全国性的智慧城市建设标杆城市。

9.2　BIM/CIM的国际标准建设

近年来，在国家层面也在布局管理平台的应用。2019年《国务院办公厅关于全面开展工程建设项目审批制度改革的实施意见》提出"统一信息数据平台"。地方工程建设项目审批管理系统要具备"多规合一"，实现统一受理、并联审批、实时流转、跟踪督办。国家发展改革委《产业结构调整指导目录（2019年本）》也将CIM列为鼓励性产业。

2018年11月中旬，住房城乡建设部将南京、北京城市副中心、广州、厦门、雄安新区列为"运用建筑信息模型（BIM）进行工程项目审查审批和城市信息模型（CIM）平台建设"试点城市。

住房城乡建设部在2019年3月也发布《关于发布行业标准〈工程建设项目业务协同平台技术标准〉的公告》。其中规定：平台可基于城市信息模型（CIM），开展BIM在工程建设项目策划生成阶段的应用，实现与工程建设项目审批阶段BIM应用的对接。有条件的城市，可在BIM应用的基础上建立城市信息模型（CIM）。

河北雄安新区印发《雄安新区工程建设项目招标投标管理办法（试行）》，厦门市、南京市、广州市发布关于"多规合一"管理平台及CIM平台建设试点工作方案。这些都从一定程度上推动了CIM平台建设的进程。2020年9月21日，住房城乡建设部印发《城市信息模型（CIM）基础平台技术导则》通知，明确了CIM平台架构、BIM数据格式等内容。

在国家标准里面，考虑更多的是全面的、通盘的、全行业的情况，具体到了一个地区，在国际标准里面考虑更多的是从全球角度出发的管理制定，目前在国际领域，BIM/CIM标准仍处于研究阶段，下面简单介绍几个在研的与BIM/CIM相关的国际标准。

9.2.1　ISO 37166国际标准

《智慧城市规划多源数据集成标准》ISO 37166（Smart community infrastructures – specification of multi-source urban data integration for smart city planning（SCP））提案由中国（中国国家标准化管理委员会）组织发起，引入了我国智慧城市背景下的城市规划、"多规合一"、顶层设计等核心理念，日本、韩国、英国、美国、加拿大、西班牙、印度等多国专家均十分支持此提案，表示愿意积极参与后续该标准的编制研究工作。此项标准为《智慧城市基础设施数据交换与共享指南》ISO/DIS 37156（Guidelines on data exchange and sharing for smart community infrastructures）的延续课题，一方面，通过协调城市发展资源的配置，优化城市空间功能布局，促进城市的科学可持续发展。另一方面，通过智慧城市基础设施空间规划数据集成，来协助政府作出智慧决策，为智慧城市规划和建设提供重要的有效指导。

该标准的研究范围主要围绕智慧城市基础设施系统的多源数据集成和应用，例如：水、交通、能源和废弃物等，以支持智慧城市规划和顶层设计在智慧城市里的有效应用。

该标准主要通过标准化数据集成和共享机制构建了一个涉及这些数据的数据框架，其中包括：

（1）定义数据的精度、维度，同时提高数据收集、更新和存储机制的要求；

（2）定义数据集成的数据模型，为每个涉及的数据提供数据标准化和数据融合方法的建议；

（3）为每个涉及的数据定义数据安全级别和可共享属性，建立数据共享/交换的原则。

9.2.2　ISO 37170国际标准

随着全国范围内新型智慧城市建设的不断推进，信息化、数字化、智能化的手段——数字化城管在城市管理的过程中起到了至关重要的作用。通过综合运用现代科学技术、整合信息资源、统筹业务应用系统，促进城市跨部门、跨行业、跨地区的政务信息共享和业务协同，强化信息资源社会化开发利用。数字城管有效地促进了城市规划管理信息化、基础设施智能化、公共服务便捷化、产业发展现代化、社会治理精细化发展。

目前，随着共谋、共建、共管、共评、共享的"五共理念"在城市管理领域的不断渗透与深化，数字城管正在向社区管理等领域延伸、下沉，智慧社区建设与社区治理成为城市管理的重要组成部分，通过标准化建设，形成可复制、可推广的城市管理与社区治理的模式，让政府、企业、社区、居民等多方参与到城市管理与社区治理工作中。

当前，《城市治理与服务数字化管理框架与数据》（Smart community infrastructures – data and framework of digital technology apply in smart city infrastructure governance）已经正式立项，在住房城乡建设部标准主管部门指导下，全国智标委、中城智慧（北京）城市规划设计研究院有限公司作为该标准牵头单位，ISO/TC 268/SC1作为标准归口单位。

从2018年ISO/TC 268城市可持续发展技术委员会全会及工作组会议上提出提案开始，我国有关领导、专家团队在国内、国际积极推动该标准的立项工作，让标准走出去，践行"一带一路"倡议，以标准工作助力中国国际影响力提升，输出更多中国优质实践成果，在国际上赢得更多话语权。

该标准技术内容涉及城市治理与服务数字化建模和技术平台要求，包括城市单元网格划分与编码规则、部件和事件分类、地理编码与绩效评价、信息采集与处置等，适用于开展数字化城市治理服务平台的设计、建设、运维等。

9.2.3 IEC 63273国际标准

2017年，IEC/SyC智慧城市第二工作组（WG2）进行了城市需求的问卷工作，以调查开发当时，利益相关者对于智慧城市的需求。通过对这项调研的收集成果进行归纳和研究，从调研结果可以发现，不同的利益相关者有不同的需求，需要在智慧城市系统中综合考虑所有相关者的需求，而城市信息是在智慧城市建设中的重要领域之一。其中，在信息和技术领域，主要需求有：大数据（41.9%）、城市操作系统（19.4%）、应用程序（14.0%）和信息（6.5%）。而城市信息模型（CIM）是为智慧城市管理不同类型信息的解决方案之一。

由于目前城市信息模型还没有一个统一的标准，很难实现城市与城市之间的互操作性，在国际交流与协作方面也是同样情况。

一方面，城市信息模型可以促进智慧电能管理技术的发展，提高电气安全性。另一方面，城市信息模型可以支持电气系统设计。城市信息模型对于帮助设计智慧城市中的电信系统也是非常重要的。用于智慧城市的电子技术方面的城市信息模型需要与用于城市其他方面的方法充分兼容，以方便城市管理者或者其他使用者通过城市信息模型规划，并以综合方式管理城市基础设施的各个方面。

《用例收集及分析——智慧城市中的城市信息模型》IEC 63273（Systems reference deliverable – use case collection and analysis：city information modeling for smart cities），该标准通过筛选出利益相关者及利益相关者之间的市场关系，收集和分析城市信息模型的用例，尤其是在电工方面的用例，通过分析利益相关者的关系和相关用例来确定城市信息模型标准的要求，进而向IEC提供有关电气方面的规划和管理的建议。

该标准的目的是收集和分析一套关于城市信息模型的综合用例，以便确定与城市信息模型有关的标准或标准系列的要求。该标准将为其他的国际标准制定组织（SDOs）提供有关城市信息模型标准的总体范围，并指导IEC及其技术委员会如何将城市信息模型用于智慧规划和城市管理特别是电工等基础设施，使其与城市各个方面相兼容。

9.3　国内外智慧城市评价研究现状

目前，对智慧城市评价体系进行研究的主体呈现多样化，由于智慧城市的建设离不开互联网和信息化技术的发展，因此研究主体无论是高校、组织还是政府部门都将城市信息化水平评价的方法和理论作为智慧城市评价指标体系构建的基础。在智慧城市评价方法的研究方面，有采用加权法计算指标体系各个层级中指标的加权得分，有应用其他领域或学科中较为成熟的综合评价方法，如熵权-TOPSIS以及ANP-TOPSIS等组合评价模型。目前，国内外政府、研究机构、相关学者对智慧城市评价指标体系进行了研究，并从不同角度、智慧城市不同领域构建起评价指标体系。

9.3.1　国外智慧城市评价研究现状

国际上认可度较高的主要有智慧社区论坛（Intelligent Community Forum，ICF）、IBM公司、全球十大智慧城市排名，以及欧盟的智慧城市评价指标体系等。2006年，ICF提出从宽带连接、知识型劳动力、创新、数字融合、社区营销与宣传五个维度评价智慧社区发展水平。该体系对智慧城市评价作出了较早的探索，为后续评价指标的完善和升级提供了基础。IBM公司虽然在2009年提出了智慧城市的建设应该围绕城市服务、市民、商业、交通、通信、供水、能源七大核心系统进行评价，但该评价体系更侧重于技术评价和投入，也未提出具有可操作的评估模型与计算方法。维也纳理工大学（Rudolf Giffinger）发布的欧洲中等规模智慧城市评价指标体系是学术界最有影响力的智慧城市评价体系之一，该体系从产业、民众、治理、交通、环境和生活六个子系统对智慧城市的建设和发展情况进行评价，每个子系统下面都有8～20个不等的末级指标，指标齐全多样。该评价体系采用算术平均数作为权重，所有的末级指标权重相同，所以具有操作简便和无法重点突出某些指标的特点，同时也存在一些指标冗余的缺点。2012年，Boyd Cohen博士基于智慧城市轮（Smart Cities Wheel），从智慧经济、智慧环境、智慧政府、智慧生活、智慧移动、智慧人民六个维度对全球智慧城市进行评估，提出全球十大智慧城市排名。Lombardi等通过设置大学、产业、政府、学习、市场、知识作为智慧城市评价中的六大指标，对欧洲北海地区的九个城市进行评级，经过系统数据比对的结果，得出任何一个城市都不能同时在"大学—产业—政府"和"学习—市场—知识"两个方面上得高分。2014年，Zuccardi Merli M提出衡量智慧城市绩效的模型，并利用意大利和欧洲进行了实证研究。Monzon A以应对真正挑战和维持城市可持续发展为出发点，提高公民生活质量为目标展开了ASCIMER（评估地中海地区的智能城市）项目。Portmann提出对城市进行评估是城市持续发展所不可或缺的。

国外专家学者对智慧城市评估体系做了有益的探索、尝试，对于我国进行智慧城市评价有很大的借鉴意义，但是由于国内外环境、经济、文化等背景相差颇大，在借鉴参考的同时，也需结合国内实际发展和需求，进行智慧城市的评估指标构建和评价模型的架构。

9.3.2　国内智慧城市评价研究现状

自2010年以来，国内学者们也相继提出智慧城市建设评价指标体系。学者们一般以"投入—产出"理论、灰色关联理论、系统动力学理论等为基础，利用定性分析、定量分析、案例分析等方法，提出相应的评价指标。邓贤峰在对城市信息化评价指标体系研究的基础上，融入智慧城市所特有的内涵和外延，提出了智慧城市评价指标体系，构建了智慧网络互联、智慧产业、智慧服务和智慧人文四个子系统共计21个末级指标。该评价体系具有操作简单的优势，也有指标过少、反映不全面的缺点。同维也纳理工大学的评价体系一样，末级指标权重通过算术平均数计算而来，末级指标权重相同。顾德道和乔雯在邓贤峰的研究基础上进行了改进，以智慧人群、智慧基础设施建设、智慧治理、智慧民生、智慧经济、智慧环境和智慧规划建设为一级指标，具有覆盖面广的优势。程志锋在参考国内外智慧城市评价指标体系文献的基础上，构建了智慧城市评价指标体系，该指标体系包括总目标层、评价综合层、评价项目层和评价因子层4个层次，5个一级指标，10个二级指标，43个三级指标，从智慧人群、智慧基础设施、智慧民生、智慧经济和智慧治理5个维度对智慧城市进行全面系统的评价。

此外，上海浦东智慧城市发展研究院发布的《智慧城市评价指标体系2.0》版本中有6个一级指标，18个二级指标，37个三级指标；中国智慧工程研究会发布的中国智慧城市（镇）发展指数评估体系具有3个一级指标，22个二级指标，也都为智慧城市评价体系的发展作出了重要贡献；国家智慧城市标准化总体评价组按"三融五跨"的基本原则，在综合考虑城市发展定位、远景目标、经济社会发展水平、人口规模、区位特点、优势禀赋等条件下，突出城市的发展特色，破解城市发展难点痛点。加强新型智慧城市评价指标体系研制，形成质量达标、能力卓越、各具特色的新型智慧城市发展模式，为全球智慧城市评价贡献中国智慧和中国方案，提供更加科学、客观的评价方法及评价指标体系。

总体上看，国内外有关智慧城市评价指标体系的研究所面临的挑战基本一致。主要有以下几点：（1）科学的指标权重计算方式还需要突破，目前末级指标权重相同是应用较广的；（2）统计数据的获取存在困难，需要对统计口径进行革新；（3）指标的相关性研究进行不充分，部分指标冗余，各评价体系侧重点有所不同，评价指标体系需要进一步跟踪完善；（4）智慧城市评价的动态更新研究不够，未进行持续跟踪，需跟上智慧城市建设日新月异的步伐；（5）目前评价普遍侧重于投入产出的考核，缺少对建设后效益指标的评价；（6）以人为本是社会发展的核心，从目前的智慧城市评价研究成果来看，对于居民主观感知的评估还存在许多不足。

9.4　智慧城市评价理论框架

9.4.1　新型智慧城市评价方法

1. 构建分级分类评价体系架构

我国新型智慧城市建设尚处于起步阶段，为有效推进新型智慧城市快速健康发展，避免重复建设和资源浪费，需要在建设前对城市进行分级分类，并依据城市的级别和类别，构建新型智慧城市体系架构。根据城市规模对新型智慧城市进行分级，按城市特点，物质性特色要素（自然特色和人工特色要素）和非物质性特色要素（城市整体形象、地域文化、城市文脉、产业经济和社会诉求等）两个方面考虑，结合国家对该城市的定位进行分类。评价新型智慧城市前，应先对城市进行分级和分类，再根据城市的级别和类别，选择对应的指标集合进行评估。具体操作如下：在确定城市级别后，参考该级别指标选择方法，在通用类指标中选取对应的评价指标集合；对于某类城市，在特色类指标中选取对应特色标签的评价指标。通用类和特色类指标共同组成新型智慧城市的评价指标，并由城市实际情况评估计算得出该城市的通用类和特色类评价指标指数，共同表征该城市的智慧程度属性，用于指导新型智慧城市建设力度和方向。

在2018年第十二届中国智慧城市建设技术研讨会暨设备博览会发布的《新型智慧城市发展白皮书（2018）——评价引领标准支撑》中，主要研究了新型智慧城市的内涵和发展趋势，阐述了对"分级分类推进新型智慧城市建设"的目的和意义的认识，提出了基于成熟度模型的新型智慧城市评价总体架构、过程方法和实施建议等内容。白皮书的发布为我国地方城市开展新型智慧城市分级分类建设和提升提供借鉴和参考，也为产业界深度探索和建设新型智慧城市提供了思路和方法。

作为新型智慧城市中的生态宜居城市，应重点建设与城市生活密切相关的环境、气象和交通感知系统，加强城市各类部件的统一监控和管理，建立提高民众生活便利性的各类应用系统。以旅游生态城市为例，构建新型智慧城市体系架构如图9-3所示。

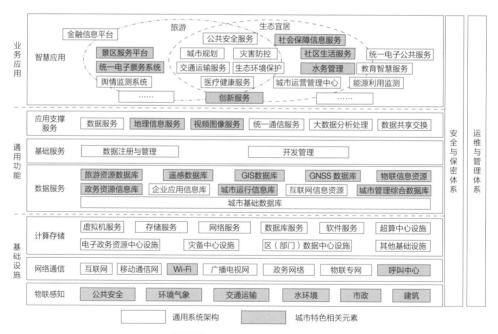

图9-3 旅游生态城市体系架构

图片来源：孙亭，李梦月. 新型智慧城市分级分类方法及体系架构［J］. 指挥信息系统与技术，2016，7（06）：66-71

（1）基础设施层：重点建设与城市特色相关的各类基础设施。如在物联感知层，重点建设与旅游和生态宜居均相关的公共安全、环境气象、交通运输、水环境、市政和建筑感知等在内的感知设备和手段，实现对城市各类信息的数据采集，特别是加强旅游景点和人口居住密集区域的感知。在网络通信层，重点构建天地一体化网络地面信息港，实现空、天、地网络的一体化，以提升城市通信网络能力，特别关注景区Wi-Fi的铺设，给游客与城市居住者提供便捷的网络接入体验。在计算存储层，应保障城市信息系统对计算存储能力的需求。

（2）通用功能层：在数据服务方面，应建设旅游/居住相关的数据库。如旅游资源、遥感、地理信息系统（GIS）和全球导航卫星系统（GNSS）数据库等。通过对数据的规范整编和融合共用，达到有效管理城市基础信息资源，以及支撑城市管理与公共服务的目的。基础服务部分仍采用通用系统架构中数据注册与管理和开发管理，有效管理城市基础信息资源，依托开放物联网、数据共享、云服务、运营服务和地理信息等通用平台，支撑城市管理与公共服务的智慧化。在应用支撑服务方面，整合政务、能源、交通和安防等城市各行业通用业务支撑服务功能，通过融合技术，推动标准化和通用化产品的形成，促进旅游服务和便民服务的规模化拓展。

（3）业务应用层：在业务应用层，重点加强城市特色标签交叉领域业务应用的新建和升级完善。如公共安全服务、城市规划、灾害防控、交通运输、生态环境保护和医疗健康服务均为旅游城市和生态宜居城市关注领域，应加大投入力度。还需投入特色标签特有的智慧应用，如旅游城市的景区服务平台和统一电子票务系统，生态宜居城市的社会保障信息服务、社区生活服务和水务管理等；未标注的其他领域智慧应用，如其他与民生、城市治理、创新经济和低碳绿色服务相关的应用，需注重于特色应用的配套和同步升级。

2. 构建智慧城市绩效评价模型

通过构建对智慧城市建设情况进行全面评价的绩效指标体系，对绩效评价指标进行权重确定，再构建绩效评价模型对智慧城市进行评估。有学者给出模糊综合评价构建智慧城市建设绩效评价模型。模糊综合评价（FCE）是在模糊环境下综合考虑多种因素影响，利用模糊数学为了某种目的对某一事物作出综合评价的方法。由于智慧城市建设绩效评价需要从多个方面的多种因素来评价，属于难以用单一的量化指标进行评价的复杂问题，进行评价时人的主观感受占有一定的比例。根据模糊综合评价方法的特质，对于模糊问题运用模糊数学进行量化处理，对于我们智慧城市建设的绩效评价比较适用，因此可以选择采用多层次模糊综合评价法来对智慧城市建设进行绩效评价。模糊综合评价主要分为以下几个步骤：一是建立评价因素集，建立智慧城市建设的指标因素集；二是建立评语集，评语集通常是由问卷设计者事先设定，包含评价者对评价对象可能作出的各种评价；三是确定权重集，在进行专家问卷调查的基础上，利用层次分析法分析得出绩效评价指标体系当中各个指标的权重值；四是构建模糊关系矩阵；五是进行第一层、第二层等的模糊综合评价。

3. 搭建时空信息云平台系统

新型智慧城市评价指标是一种建设引导型的标准，其目的在于以评价工作为指引，明确信息智慧城市工作方向；以评价工作为手段，提升城市便民惠民水平；以评价工作为抓手，促进新型智慧城市经验共享和推广。指标设定基于国家级涉及智慧城市、大数据发展、互联网+政务服务等多项战略，综合考虑国家发展改革委"信息惠民"、工信部"宽带中国"、住房城乡建设部"试点指标"和网信办、测绘地理信息局等多个部委的相关试点要求和考核内容。在具体案例实施中，如智慧伊春时空信息云平台项目，属于国家测绘地理信息局支持的试点项目，它在为智慧城市建设提供强有力的智慧时空支撑的同时，推动了伊春市近五分之一智慧城市考核对应的内容，可见试点的基础性与支撑性作用，示范应用搭建了政府与行业、公共服务与政务服务之间的桥梁，促进了信息化管理建设。这样的现象，一方面，体现了测绘地理信息在智慧城市建设中的作用；另一方面，也说明了这是中小型城市在智慧城市建设初级阶段发展的必然过程。

随着城市经济发展、信息化水平提升、管理与服务意识提高，智慧城市对时空信息云平台的时空基准、时空大数据分析与挖掘、公共服务能力提升、城市管理质量等方面的要求将不断加强，需要各行业多方参与，共同考虑各类主体的最广大诉求，发挥资源的最大综合效益，为智慧城市建设服务。

4.　应用BIM、CIM等技术对智慧城市发展进行评价

　　智慧城市的快速发展对数据融合、信息协同共享有着更高的要求。近年来建筑信息模型（BIM）和城市信息模型（CIM）开始发酵发展，被很多学者和业界人士认为是可以协助解决信息融合的重要工具和支撑。相较于传统设计工具和工作方法，BIM模型具有以下五个特点：可视化、协调性、模拟性、优化性、可出图性。BIM可以在项目设计阶段建立全专业模型，可用于优化设计、指导施工、运营维护等方面；BIM模型还能对一个已存在的设施项目通过数字表达其物理和功能特性，为该设施的全部生命周期的运行保驾护航；不同利益相关方通过在BIM软件中插入、提取、更新和修改信息，以实现支持和反映其各自职责的协同作业，决策者也可依据这些信息作出最优决策。基于BIM和GIS技术结合的智能城市将是一个成熟技术的融合，它还包含精准的城市三维建模，发达的城市传感网络，实时的城市人流监控，使城市中的人们生活更加智能和便捷。在21世纪，GIS和BIM技术的结合越来越紧密，而它们更成为智慧城市发展的助推剂。伴随着BIM技术的发展，使我们掌握了对各类设施、构筑物实现数字化的技术方法和途径。而在BIM应用的基础上，建立城市信息模型（CIM），对城市信息进行综合运用和管理，大大提升智慧城市运营效率。运用建筑信息模型（BIM）进行工程项目审查审批和城市信息模型（CIM）平台建设对智慧城市的发展具有很强的助推力，为智慧城市评价提供基础要素和技术支持。通过运用信息管理和通信技术等手段感测、分析、整合城市运行核心系统的各项关键信息，通过软、硬件设备用于实现城市智慧式管理和运行，进而为城市中的人们创造更美好的生活，促进城市的和谐、可持续发展。而智慧城市评价往往需要借助新一代的信息技术手段，使之更加科学、合理，借助BIM和CIM促进信息融合，提升智慧城市评价的支撑技术，增强科学性和操作性。

9.4.2　新型智慧城市评价工作流程

　　对于智慧城市的评价流程，智慧社区论坛（ICF）的"智慧社区"评选主要包括"Smart 21""TOP 7"与"智慧社区奖"。其中，"Smart 21"是指申报"年度智慧社区"的城市和社区要按照宽带接入、知识工作者、数字包容、创新、营销与宣传五个方面，提供相应的

材料和说明，并从参赛城市中选取21个年度最佳国际智慧城市；"TOP 7"是指从被选为"Smart 21"的城市中，按照问卷进一步充实材料和说明，由专家组进行打分，评选出排名前7位的社区；"智慧社区奖"是通过独立的第三方研究机构对7座候选城市的数据进行定量分析，并由评议团参访城市得出最终的年度"智慧社区奖"。欧盟中等城市智慧城市评估基本流程，主要包括城市筛选、指标分类与数据采集、数据规范与汇总排名三个环节。其中，参与排名的城市主要是人口在10万—50万人的、教育基础相对薄弱但至少有一所大学的中等城市。

国内政府机构、相关学者主要从智慧城市的指标体系构建、智慧城市评价模型构建、评价实证研究等进行新型智慧城市的评价。完成新型智慧城市评价指标体系的构建，为了实现新型智慧城市发展水平的评价，需要构建恰当的评价模型，通过评价模型可以实现评价指标的赋权，以及新型智慧城市建设情况的综合评价。总之，评价离不开指标和数据，根据国内外学者对智慧城市的评价流程，总结了新型智慧城市评价流程如图9-4所示。包括确定新型智慧城市评价的对象，制定评价流程，主要有指标体系的构建或选取、指标数据搜集、数据处理、评价计算、评价结果和对策建议等。

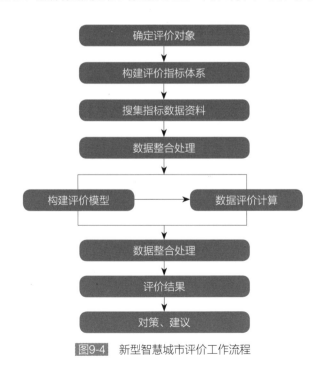

图9-4　新型智慧城市评价工作流程

9.5　新型智慧城市评价指标体系

9.5.1　智慧城市评价指标体系基本情况

1. 已有智慧城市评价指标体系

构建有效的智慧城市发展水平评价指标体系是评估的前提。目前国内外政府机构、学术团体等对智慧城市评价指标体系进行了研究，主要的评价指标体系见表9-1。

国内外主要的智慧城市评价指标体系　　　　表9-1

名称（发布机构）	一级指标	二级指标	三级指标
智慧社区论坛（ICF）	5	18	—
欧盟智慧城市评估（维也纳理工大学Rudolf Giffinger）	6	31	74
IBM公司测评体系	4	—	21
全球十大智慧城市排名（Boyd Cohen）	6	18	27
中国智慧城市（镇）发展指数	3	23	86
国家智慧城市（区、镇）试点指标体系（试行）	4	11	57
新型智慧城市评价指标（2016）	8	21	54
新型智慧城市评价指标（2018）	8	24	52
新型智慧城惠民服务评价指数报告2017	3	—	—
《智慧城市评价模型及基础评价指标体系 第1部分：总体框架及分项评价指标制定的要求》GB/T 34680.1-2017	9	38	—
2017—2018中国新型智慧城市建设与发展综合影响力评估	4	24	58
我国台湾地区智慧城市评价指标	6	17	—
南京智慧城市评价指标	4	21	—
上海浦东智慧城市评价指标体系2.0	6	18	37
工业和信息化部	3	9	45
中国软件测评中心	3	8	53

　　智慧社区论坛（ICF）发布的评价指标体系主要为定性指标，侧重政府和企业评价，市民体验指标较少。该指标体系目的在于评估各社区的发展水平，以评选出年度最佳智慧社区。ICF发布的评价指标体系包括宽带连接、知识型劳动力、创新、数字包容、营销和宣传5个维度，设5个一级指标，18个二级指标。ICF认为，"社区（Community）"是具有独特身份、能以统一的方式行动的独立实体。它可以是一个乡镇、城市或都市区，也可以是国家、省或其他更大的区域。"智慧社区"意指这样一个社区——无论是城市、郡县或是小型居住区域——把互联网宽带的接入视为新的生存必需品，把这一必需品对当地经济发展和公共福利的推动作用视如生活中的饮用水和发电机那样重要。ICF通过总结智慧城市发展、建设的成功经验，开展智慧城市的评估，以引导和传播智慧化建设的先进理念。

　　欧盟智慧城市评估主要面对欧洲中等城市，指标比较全面，关注市民体验，可操作性强。维也纳理工大学Rudolf Giffinger教授构建的智慧城市评价指标体系包含6个评价维度（一级指标），包括智慧经济（即创新型经济）、智慧移动（即不仅是智能交通，也延伸到教育、购物等领域）、智慧环境（即注重城市的生态环境）、智慧治理（即政府管理模式的调整和改善）、智慧生活、智慧民众，对应31项二级指标和74项三级细分指标，他们在对该指标体系进行标准化变换与加总后，对欧洲范围内70个城市的智慧化水平进行实际测算。2007年10月，维也纳理工大学区域科学中心与荷兰代尔夫特理工大学等机构合作，对欧盟中等城市的可持续发展能力与竞争力进行了一次评估，并形成《欧盟中等城市智慧城市排名》报告，首次正式提出了智慧城市愿景及发展目标。欧盟智慧城市建设将城市信息系统与经济发展、城市管理和公共服务紧密结合，优化城市管理、倡导技术创新、扩展产业空间、提高生活品质，通过公众的广泛参与和自上而下的信息反馈机制，推动社会多方力量与城市建设的高度融合。因此，其评价指标体系更注重以创新打造智慧城市建设基础，强调绿色、低碳的经济和生活模式，鼓励和倡导社会力量参与基础设施建设。

　　IBM公司测评体系涵盖面广，包括4个维度，分别是智慧城市网络互联、城市智慧产业、城市智慧服务、城市智慧人文，重视技术基础，注重与智慧城市建设最佳水平比较。该指标体系一共由4个一级指标和21个子评价指标构成。该评价体系遵循三大原则：第一，因地制宜，根据城市定位、发展目标与外部环境调整指标；第二，全面性，从城市发展的全面视角进行系统评价；第三，评估应具可比性，以同等城市为参考进行比较评估。

全球十大智慧城市排名（Boyd Cohen）从六个维度来评价城市的智慧程度，包括智慧移动、智慧人群、智慧经济、智慧环境、智慧政府、智慧建筑，操作性强，关注智慧程度和效果，重在评价结果的比较和排名。Boyd Cohen博士认为，智慧城市是这样一种城市形态：即借助信息通信技术更加智能和有效地利用资源，降低城市成本，节约能源，提高服务水平和生活质量，减少环境污染，为城市创新和低碳经济提供有力的支持。在全球十大智慧城市排名评估指标体系中，包含6个一级指标，18个二级指标，27个三级指标。2012年，Boyd Cohen博士以城市创新和可持续发展为标准，在全球范围内开展了智慧城市的评估工作。

中国智慧城市（镇）发展指数，指标体系完善，关注智慧城市幸福度、城市管理、社会责任，设有四级指标。2011年8月，中国智慧工程研究会在北京发布中国智慧城市（镇）发展指数，该套指数评估体系包含3项一级指标，文化教育、公共服务、科技创新水平等23项二级指标，信息共享水平、企业创新能力等86项三级指标和人均移动终端拥有量、专利授权量等362项四级指标。

国家智慧城市（区、镇）试点指标体系（试行），覆盖面比较广，主要关注与智慧城市建设保障体系、智慧城市基础设施建设、智慧城市宜居度、智慧城市管理业务以及产业经济，因此该套指标体系从保障体系与基础设施、智慧建设与宜居、智慧管理与服务、智慧产业与经济4个维度展开，比较好地涵盖了智慧城市的几个核心要素。住房城乡建设部于2012年12月颁布该套指标体系，目的在于推进智慧城市试点进展的评估工作。该指标体系设有4个一级指标，11个二级指标和57个三级指标。

新型智慧城市评价指标（2016），结合各地发展，务实推动新型智慧城市健康有序发展，该套评价指标体系按照"以人为本、惠民便民、绩效导向、客观量化"的原则制定，设立客观指标、主观指标、自选指标三部分。包括惠民服务、精准治理、生态宜居、智能设施、信息资源、网络安全、改革创新、市民体验八个维度。该套指标体系针对全国范围，评价对象数量庞大，注重社会参与和公众满意度，能够反映地方特色，是比较全面的智慧城市评价体系。包括8个一级指标，21个二级指标，54个三级指标。

新型智慧城市评价指标（2018），在2016版的基础上进行了指标的精简，维度依旧是惠民服务、精准治理、生态宜居、智能设施、信息资源、网络安全、改革创新、市民体验八个维度，但各个维度的权重有所调整。2018版指标更简单、更便利、更科学、更能代表城市市民体验和智慧城市建设实效。包括8个一级指标，24个二级指标，52个三级指标。相对于2016版重点突出市民体验，提升网络安全地位。

新型智慧城市惠民服务评价指数报告2017，该套评价方法的最大特点就在于可以完全动态地站在百姓的视角，用亲身体验的方式，从惠民实效上来判断各个城市的政务服务平台所提供的各种服务，是否真正地实现了便捷、高效、快速地为民办事的能力。该报告打破了原来仅从数据对智慧城市进行评价的传统，实时动态跟踪智慧城市惠民服务，增强居民亲身体验。《新型智慧城市惠民服务评价指数报告2017》充分继承和吸收了2014版和2015版的核心内容，编写过程中重点参照了2016年和2017年国家有关政策，旨在从惠民服务角度，以惠民服务人口的评价为切入点，系统、客观、翔实地反映我国新型智慧城市建设的惠民服务水平，以评价促进建设，推进新型智慧城市惠民服务发展，让人民从新型智慧城市的建设中有更多的体验和获得感。从"服务平台建设成效""惠民服务实现程度""惠民服务综合环境"三个维度，依据有关政策，分四级指标，对100个城市的惠民服务发展水平进行长期系统性跟踪调查和评价。重点针对当时我国智慧城市建设"不惠民、不落地"的问题，首次提出了"智慧城市惠民发展水平评价"的理论模型。

《智慧城市评价模型及基础评价指标体系 第1部分：总体框架及分项评价指标制定的要求》GB/T 34680.1–2017，规定了智慧城市评价指标主要涉及能力类和成效类两种类型指标，能力指标、成效类指标所涉及的各方面均作为一级指标，每个一级指标下包含若干个二级评价指标，每个二级指标评价要素代表对一级指标的某一个侧重面的考量依据。该评价指标体系总体框架共包含9个一级指标，38个二级指标。

2017—2018年中国新型智慧城市建设与发展综合影响力评估，指标覆盖面比较广，更加关注"人"的智慧城市，以人为本，评价维度包括智慧基础运营、智慧管理服务、智慧经济人文，智慧综合保障。该套指标体系共有4个一级指标，24个二级指标，58个三级指标。

我国台湾地区智慧城市评价指标，关注智慧城市基础设施建设，注重产业发展，极富地方特色。智慧台湾绩效指标体系由台湾地区有关机构在2008年研究发布，包含工作和效益两个部分，涵盖六大维度，分别为网络基础设施、文创产业发展、高速政务网络、生活应用便捷、社会公平公正、人才培育，设立6个一级指标，17个二级指标。该指标体系中有关技术突破和基础设施建设后的效果的评价指标占据了较大比重，公民体验等主观指标也是重要组成部分。

　　南京智慧城市评价指标，侧重基础设施和产业评价，对城市管理和运行关注较少。由南京市信息中心提出，目的在于初步评估智慧南京的进展情况。该指标体系包括网络互联、智慧产业、智慧服务、智慧人文4个维度，设立4个一级指标，细分设立了21个二级指标。

　　上海浦东智慧城市评价指标体系2.0，注重基础设施建设，总量指标较多，突出主观评价，操作性较差。上海浦东2.0指标体系包含6个一级指标，18个二级指标，37个三级指标。智慧城市基础设施维度主要选择宽带网络建设水平的衡量指标，智慧城市公共管理与服务涵盖政府服务、交通管理、医疗体系等8个二级指标，智能公交站牌使用率、智能电表安装率等16个三级指标；信息服务经济发展包括产业发展水平、企业信息化运营水平2个二级指标，对应信息服务业增加值比重、企业信息化系统使用率等5个三级指标；人文科学素养包括居民收入、文化、网络化水平等3个二级指标，对应人均可支配收入、家庭网购比等4个三级指标；市民主观感知包含生活便捷感和安全感，对应信息系统获取便捷度、食品药品安全电子监控满意度等6个三级指标；城市软环境包含规划设计、氛围营造2个二级指标，发展规划、组织领导机制等3个三级指标。该指标体系较全面，综合考虑了主客观因素，但是有些指标难以量化，不利于评价的最终实现。

　　工业和信息化部，指标比较全面，定义详细。2012年正式印发《关于征求智慧城市评估指标体系意见的通知》（工信信函［2012］021号），并下发智慧城市评估指标体系（征求意见稿）。基于智慧城市的内涵特征，结合各地智慧城市建设实践与发展路径，形成了由智慧准备、智慧管理、智慧服务3个一级指标、9个二级指标，共45个考察点组成的评价指标体系。其中，智慧准备指标以技术维度要素为主，反映深化智慧城市应用所必需的网络基础与关键支撑技术等方面的储备情况。智慧管理指标以管理维度要素为主，反映城市各项管理工作的绩效水平，以及适宜智慧城市健康持续发展的管理运营机制建设情况。智慧服务指标以服务维度要素为主，反映城市各类优质高效政务服务和公共服务的供给情况。

中国软件测评中心，提出智慧城市的评估应从服务、管理、应用平台、资源和智慧度五个维度展开。其中，服务和管理位于顶层，反映智慧城市的建设效果；应用平台居于次一层，反映智慧城市的产出；资源和技术位于底层，反映智慧城市的投入情况。三大层级的最终落脚点是以人为本，服务民生，实现城市发展战略目标。该套指标体系比较完整，评价具体操作性较好，包括3个一级指标，8个二级指标，53个三级指标。

9.5.2　智慧城市评价指标体系的构建原则

智慧城市评价指标体系的构建应遵循科学性、可操作性、导向性、动态性和系统性的原则。

（1）科学性原则。在对相关学科理论和智慧城市建设所面临的社会、经济、生态等问题充分认识研究的基础上，选择具有高代表性、低相关性的指标。应根据一定的理论依据和实践经验确定具体指标，且其名称、定义、计算方法等必须科学明确，避免产生歧义。保证指标体系能科学准确地反映被评价城市的发展状况，反映建设准备程度，同时可用于横向比较城市建设情况。

（2）可操作性原则。就是理论上可行的评价指标体系，可能会存在指标数据获取困难，面临此类问题时，应用具有数据获取较易、相关性较高的指标替代。此外，指标构建应根据其他同类城市的情况评测城市的表现，具有可比性，容易操作。

（3）导向性原则。智慧城市的建设要遵从"顶层设计"，要充分体现城市发展智慧化的规划蓝图，引领城市智慧化建设的方向。智慧城市建设是一个动态的、循序渐进的过程，而评价指标具有一定的引导和导向作用。因此，与侧重智慧城市发展愿景的成熟度评估不同，准备度评价指标体系应着重体现智慧城市建设的必要基础，以引导各地夯实基础，使智慧城市快速、稳健地发展。

（4）动态性原则。应在保证评价指标相对稳定的基础上，根据城市发展状况及智慧城市建设要求，不定期对其进行调整和补充，提升指标的合理有效性，使其逐步趋于完善。同时，应注意指标口径在空间和时间上的一致性，以便于开展时序性纵向对比。

（5）系统性原则。智慧城市建设是一项系统性工程，必须保证各维度协同化建设。因此，准备度评价指标应从整体性、系统化视角考虑，反映出对智慧城市建设必备基础要素准备程度的考察，据此建立核心指标，并向其外围渐次铺开，既重点突出，又全面、系统。

9.5.3　新型智慧城市评价指标体系构建

新型智慧城市评价指标体系的实施，需兼顾新型智慧城市相关理论研究和国家及各省市政策导向，新型智慧城市评价要有助于城市找准发展方向，因地制宜地制定适合自身发展的智慧化策略，为未来发展指明方向。考虑政府、企业、公众等多元主体的实际需求，在评价体系制定过程中，广泛吸纳企业、公众的意见及建议，确保评价体系的有效性和科学性。通过加强与国家相关部门或机构的协调与沟通，创新和建立符合自身特点的运营模式。研制合理的评价标准对新型智慧城市建设进行指导评估，确保智慧城市的建设实效。

1. 国家新型智慧城市评价指标体系

（1）《新型智慧城市评价指标（2016）》

自2013年以来，国家标准委等相关部门开展了智慧城市评价指标体系制定工作。2015年11月，国家标准委、中央网信办和国家发展改革委联合《印发关于开展智慧城市标准体系和评价指标体系建设及应用实施的指导意见》，明确提出要加快形成智慧城市建设的标准体系和评价指标体系，加强重点标准的研制和应用，开展智慧城市评价工作，充分发挥标准和评价对智慧城市健康发展的引导支撑作用。2016年，国家发展改革委办公厅、中央网信办秘书局、国家标准委办公室联合发布《关于组织开展新型智慧城市评价工作务实推动新型智慧城市健康快速发展的通知》（以下简称《通知》），拟开展新型智慧城市评价工作。《通知》指出，各地方在新型智慧城市建设中应更加注重建设效能，让社会公众和企业能够切实感受到智慧城市建设带来的便利。《通知》强调要务实推动新型智慧城市健康有序发展，一是以评价工作为指引，明确新型智慧城市工作方向。二是以评价工作为手段，提升城市便民惠民水平。三是以评价工作为抓手，促进新型智慧城市经验共享和推广。

按照国务院部署，国家发展改革委、中央网信办牵头，同国家标准委、教育部、科技部、工业和信息化部、公安部、民政部、人力资源和社会保障部、国土资源部、环境保护部、住房城乡建设部、交通运输部、水利部、农业部、商务部、卫生计生委、质检总局、食品药品监管总局、旅游局，中国科学院、中国工程院、证监会、能源局、测绘地理信息局等相关部门成立了新型智慧城市建设部际协调工作组，明确了今后主要任务和工作重点。其中，为进一步总结经验，贯彻落实好"十三五"规划纲要提出的建设一批新型示范性智慧城市的任务，研究制定了新型智慧城市评价指标。

《新型智慧城市评价指标（2016）》按照"以人为本、惠民便民、绩效导向、客观量化"的原则，制定了包括客观指标、主观指标、自选指标三个部分。客观指标重点对城市发展现状、发展空间、发展特色进行评价，包括7个一级指标。其中，惠民服务、精准治理、生态宜居3个成效类指标，旨在客观反映智慧城市建设实效；智能设施、信息资源、网络安全、改革创新4个引导性指标，旨在发现极具发展潜力的城市。主观指标指"市民体验问卷"，旨在引导评价工作注重公众满意度和社会参与。自选指标指各地方参照客观指标自行制定的指标，旨在反映本地特色。新型智慧城市评价指标框架如图9-5所示。

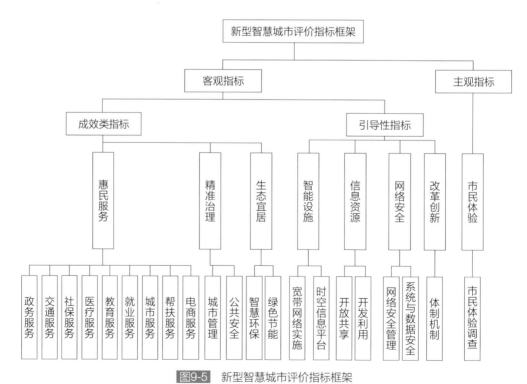

图9-5 新型智慧城市评价指标框架

图片来源：《新型智慧城市评价指标（2016）》

（2）《新型智慧城市评价指标（2018）》

2018年12月19日，国家发展改革委办公厅、中央网信办秘书局《关于继续开展新型智慧城市建设评价工作深入推动新型智慧城市健康快速发展的通知》（发改办高技〔2018〕1688号）正式印发，并公布《新型智慧城市评价指标（2018）》。

从2016年年底到2017年年初，在国家新型智慧城市建设部际协调工作组统一部署和各成员单位的共同努力下，新型智慧城市评价工作首次按照《新型智慧城市评价指标（2016）》顺利完成。根据对此次评价过程的总结和评价数据的研究挖掘，秘书处组织相关单位对评价指标进行了分析梳理，并提出了对"2016版"评价指标的修改建议，经商国家新型智慧城市建设部际协调工作组相关成员单位同意，形成了"2018版"的评价指标。

相对于《新型智慧城市评价指标（2016）》，"2018版"指标修改遵循了以下五个原则：①调整原则。在首次评价过程中，得分异常（满分率超过40%识别为得分率过高，得分过于集中为区分度过小）的指标需要调整和细化，关联性过高（正相关强耦合）但有保留必要的指标需进行合并调整。②替换原则。数据难以获取或得分异常的指标，又确有必要保留，商请负责部门提供新指标进行替换。③删除原则。关联性过高（正相关强耦合）的冗余指标删除，目前无法清晰定义范围和计算方法、数据难以获取的指标删除。④新增原则。结合国家新政策、新导向、新技术、新需求进行研究，补充少量指标。⑤权重调整原则。增加市民体验权重，增加第三方客观数据项指标权重。2016版、2018版新型智慧城市评价指标体系变化见表9-2。

新型智慧城市评价指标体系变化（2016、2018）　　　　　　表9-2

一级指标及权重（2016）	一级指标及权重（2018）	二级指标及权重（2016）	二级指标及权重（2018）
惠民服务L1（37%）	惠民服务L1（26%）	政务服务L1P1（8%）	政务服务L1P1（5%）
		交通服务L1P2（3%）	交通服务L1P2（2%）
		社保服务L1P3（3%）	社保服务L1P3（2%）
		医疗服务L1P4（3%）	医疗服务L1P4（3%）
		教育服务L1P5（3%）	教育服务L1P5（3%）
		就业服务L1P6（3%）	就业服务L1P6（2%）
		城市服务L1P7（7%）	城市服务L1P7（3%）

续表

一级指标及权重 （2016）	一级指标及权重 （2018）	二级指标及权重 （2016）	二级指标及权重 （2018）
惠民服务L1（37%）	惠民服务L1（26%）	帮扶服务L1P8（5%） 电商服务L1P9（2%）	帮扶服务L1P8（2%） 智慧农业L1P9（2%） 智慧社区L1P10（2%）
精准治理L2（9%）	精准治理L2（11%）	城市管理L2P1（4%） 公共安全L2P2（5%）	城市管理L2P1（3%） 公共安全L2P2（5%） 社会信用L2P3（3%）
生态宜居L3（8%）	生态宜居L3（6%）	智慧环保L3P1（4%） 绿色节能L3P2（4%）	智慧环保L3P1（4%） 绿色节能L3P2（2%）
智能设施L4（7%）	智能设施L4（5%）	宽带网络设施L4P1（4%） 时空信息平台L4P2（3%）	宽带网络设施L4P1（2%） 时空信息平台L4P2（3%）
信息资源L5（7%）	信息资源L5（8%）	开放共享L5P1（4%） 开发利用L5P2（3%）	开放共享L5P1（4%） 开发利用L5P2（4%）
网络安全L6（8%）	信息安全L6（0%） （扣分项，不占指标权重）	网络安全管理L6P1（4%） 系统与数据安全L6P2（4%）	保密工作L6P1 密码应用L6P2
改革创新L7（4%）	创新发展L7（4%）	体制机制L7P1（4%）	体制机制L7P1（4%）
市民体验L8（20%）	市民体验L8（40%）	市民满意度调查L8P1（20%）	市民体验调查L8P1（40%）

　　"2018新指标"与"2016版"指标的评价方法一致：评价采取百分制，总得分满分为100分；总得分为各一级指标得分之和；各级指标得分为其下层指标得分之和；计算时各分值保留两位小数。指标权重方法也不变：一级指标权重为其各二级指标权重之和，二级指标下的各分项权重之和为100%。

　　相较"2016版"指标有一些调整，指标应顺应发展变化，"2018新指标"更简单、便利、科学，更能代表城市市民体验和智慧城市建设实效。"2016版"指标中，一级指标有8项，二级指标21项，二级指标分项54项。而"2018新指标"优化调整后，8项一级指标项基本没变，二级指标调整为24项，二级指标分项调整为52项（除市民体验）。

　　8项一级指标项虽然除了L7由"改革创新"调整为"创新发展"之外，其他一级指标没有变化。但是，权重进行了较大的调整，最大的调整是L8市民体验，权重从原来的

20%提升为40%，相应地，其他7项指标总体权重从80%降为60%。另外，原来权重8%的L6网络安全，不再占有权重，改为扣分指标，其共设两个二级指标分项，即两个扣分点。其他一级指标权重具体调整变化表现在：L1惠民服务由37%下调为26%；L2精准治理由原来的9%上调为11%；L3生态宜居由8%下调为6%；L4智能设施由7%下调为5%；L5信息资源由7%上调到8%；L7"改革创新"调整为"创新发展"，权重不变，还是4%。新型智慧城市建设要求以人为本，"以人民为中心"。"2018新指标"上调了市民体验指标，希望通过市民体验调查，从市民获得感和满意度的角度更好地促进新型智慧城市的健康发展。

二级指标新增三项重点内容，即智慧农业指标、智慧社区指标和社会信用指标。智慧农业指标，是评价城市在利用信息技术用于农业生产、经营、服务和管理推动农业质量变革、效率变革、动力变革方面的情况。智慧社区指标，是用于评价实施"互联网+社区"行动，推进城乡社区生活智能化情况。社会信用指标，该指标分项用于评价城市社会信用统筹管理机制建设情况，由社会信用统筹管理机制和社会信用信息部门实时共享率两个分项进行评价。

指标的优化、调整，都是为了更好地推进新型智慧城市建设，促进新型智慧城市健康发展，进而更好地"为人民服务"，支撑智慧社会建设。

2. 新型智慧城市评价指标优化选取

当前国外学者多凭借经验进行智慧城市评价指标选择，主观性较强，如欧盟和IBM公司指标体系。国内学者多采用专家打分和聚类法进行指标筛选与结构优化，如郭曦榕、吴险峰等。专家打分法因为专家观点不一而影响指标筛选的效果，而聚类分析进行指标结构优化则会丢失大量数据以外的信息。

目前，有学者在已有的初选指标基础上采用特征选择算法进行指标筛选，然后运用机器学习领域的SVM-RFE进行特征选择[①]效果的检验。用基于SVM-RFE的特征选择来进行智慧城市评价指标筛选，按照算法流程，指标筛选数据处理分为四个过程：数据收集、数据预处理、特征选择、特征收集检验。数据收集，选择有代表性的智慧城市样本，选择

---

① 特征选择是一种结合模式识别与数据挖掘理念的数据处理方法。

既定的原始指标；数据预处理，用特征选择算法对基础数据进行预处理，对原始指标数据进行归一化处理；特征选择，用特征算法原理对指标进行对应统计量计算；特征收集检验，通过构建SVM-RFE模型来检验指标特征的优劣。以SVM-RFE模型精度为判别准则，对特征选择筛选指标的优劣进行判断，是统计学理论中泛化误差界思想的推广。

有学者认为，指标选取可以采用构建绩效评价指标体系的方法。首先，明确绩效指标体系构建的影响因素，影响因素虽然不能够左右事物的成败，但是会对事物的发展方向、呈现效果等多方面产生影响，通常来说事物的影响因素不止一个。在构建指标体系时同样会受到各种因素的影响，为了确保指标体系的有效性，达到理想的评价效果，在构建过程中，我们要充分考虑会对其产生影响的各种因素。智慧城市建设绩效评价指标体系是一个动态的复杂系统，在构建过程中涉及的影响因素众多。明确绩效指标体系的设计思路，将体系结构分为：目标层、准则层、指标层、方案层。其中，目标层是智慧城市的建设绩效，后续的指标都是为了实现这一目标而建立；准则层包括实现总体目标的中间环节，可以由若干个层次组成；指标层中包括影响目标的各类因素；方案层是具体测评指标。通常来说，绩效评价指标体系的表现形式有矩阵结构、从型结构、多指标结构，以及树形结构。进行绩效指标体系的初选和修订，通过深入理解，进行选择性借鉴，紧密结合当前智慧城市建设实践的突出问题，力求指标的完整性、针对性及可操作性。后续通过选择问卷调查法，收集专家意见来对初始指标进一步地筛选，剔除与智慧城市建设绩效评价相关度较低的指标，对初始指标体系的不足进行补充，从而获得一个指标数量合适，并且足以对智慧城市建设情况进行全面评价的绩效指标体系。

3. 新型智慧城市评价指标体系构建的思考与建议

在构建新型智慧城市建设绩效评价指标体系的过程中，指标的构建是重中之重，选取哪些指标来进行绩效评价关乎绩效评价的结果，以及评价结果的运用等多个方面。对智慧城市建设进行绩效评价，指标的选取应该考虑其以下特征：①智慧城市建设是一个复杂的系统，所涉及的面非常广泛，需要评价的因素多；②智慧城市建设是一个不断发展前进的过程，不同城市的智慧城市发展模式都有所区别，不同时期的智慧城市建设也存在不同；③智慧城市建设涉及多个利益方，不同主体对智慧城市建设的需求不同。

因此，在选取智慧城市评价指标时不能凭空捏造，也不能照搬国外发达国家的经验，要在充分理解智慧城市建设内涵的基础上，结合实际情况进行设置。在确保其科学性的前提下，考虑指标体系的系统性与可操作性，把涉及智慧城市建设的各个因素包含进来，注重指标数据的可获取性，以便后续评价工作的开展。智慧城市建设是一个动态的过程，因此进行智慧城市指标体系构建时，要根据时间、地点的不同，灵活选取指标。同时，考虑到智慧城市建设的主体多元化，在选取指标时要考虑到不同主体的需求，避免评价结果的片面化。

不断优化新型智慧城市指标体系，从指标体系框架结构的合理性、完整性、先进性等方面进一步优化、细化，为指导新型智慧城市建设提供评价依据。

建立反映新型智慧城市特点的评估方法，目前国内现行标准及指标体系主要是按照分级分类评价的总体思路，在此基础之上，不断丰富城市的智慧化指数，积极优化在惠民服务、生态宜居、智慧治理、基础设施、网络资源、信息安全、市民体验、改革创新等方面的新型智慧城市的评价指标，配套相应的标准，提升新型智慧城市评价指标体系的可操作性和系统性。

强化新型智慧城市指标体系的咨询和评估机制，通过多渠道进行智慧城市标准、指标体系的推广落实，加强智慧城市咨询服务，为更多城市提供有效指导，建立完善智慧城市评估机制，助力智慧城市建设，并有效度量智慧城市建设取得的成效。

9.6　新型智慧城市评价的对策建议

9.6.1　厘清关键要素，明确评价内容

随着世界日益变得物联化、互联化和智能化，城市有机会通过利用新的"智能"解决方案和管理实践，加快实现可持续繁荣。智慧城市的目标是利用信息科技的发展，向城市各行各业深入，"智慧城市"的评估应从物联化、互联化和智能化三方面进行。在新一代信息技术的支撑下，以整合化、系统化的方式管理城市的运行，让城市的各个功

能彼此协调运作，为城市中的企业提供优质服务和无限创新空间，为市民提供更高的生活品质。

1. 基于透彻感知的物联化

智慧城市物联网的感知手段超越了一般性的传感装置，如传感器、无线射频识别标记（RFID）、GNSS、监控摄像、手持终端、数码相机和手机等，包括任何可以随时随地感知、测量、捕获和传递信息的设备、系统或流程。同时，感知的客体更加丰富，包括从人的血压到公司财务数据的生理和社会活动。物联化是指城市公共设施物联成网，物联网实现"无所不在的连接"，对城市核心系统实时感测。物联使城市能够及时地获取比以前更多的高质量数据，更透彻地感知城市，使所有涉及城市运行和城市生活的各个重要方面都能够被有效地感知和监测起来。

2. 更全面的互联互通

物联网信息通过各种形式的高速和高带宽的通信网络工具进行互通互联，实现交互和多方共享。智慧城市系统中，物联网和互联网系统完全连接融合，将数据整合为城市核心系统的运行全图，城市参与者可以对自然环境和城市运行情况进行实时监控，从全局角度分析并解决问题，同时分析的高度、（远程）协作的广度大大增强，改变了城市运作方式。

互联网在数据、系统和人之间创建了链接，使得城市更全面地互联互通。通过网络及城市内各种先进的感知工具的连接，整合成一个大系统，使所收集的数据能够充分整合起来，成为更加有意义的信息，进而形成关于城市运行的全面影像，使城市管理者和市民可以更好地进行管理和生活，而这在以前是不可能实现的。就像互联网的快速发展一样，世界上互联的智能物体数量将呈爆炸性增长，如汽车、电器、相机、公路和管道，这些物体的互联实现了城市基础设施内的物体、人和系统之间的通信和协调，为获取和共享信息提供了新的方式。

3. 全面升级的智能化

智能是一种新的计算模式和新算法，它使城市更具有预见能力，从而采取明智的决策和行动。先进的分析能力，不断提高的存储和计算能力，这些新的模式可将海量的数据转化为智能，从而创造洞察力，以此作为行动的基础。例如带有时间数据（用于预测流量）的统计模型，可用于根据需求调整并优化城市交通拥堵状况。"全面升级的智能化"则是在数据和信息获取的基础上，通过使用传感器、先进的移动终端、高速分析工具等，实时收集并分析城市中的所有信息，以便政府及相关机构及时作出决策并采取适当措施。应用最先进的云计算技术和数据挖掘等数据处理技术，整合和分析海量的跨地域、跨行业和跨职能部门的数据和信息，并将特定的知识应用到特定的行业和场景，制定特定的解决方案，能够更好地支持决策和行动。

9.6.2 完善指标体系，选择合适的评价方法

建设智慧城市绝非朝夕之功，而编制智慧城市指标体系也不能一蹴而就。智慧城市评价指标编制过程本身就是一个不断修改、完善的动态过程，此外，各指标在智慧城市发展评价中的权重也是一个动态调整过程，需要根据对智慧城市认识的深化以及建设智慧城市的实践，适时对指标体系进行动态调整。

评价方法是智慧城市建设绩效评价指标体系当中的核心内容之一，绩效评价指标权重的确定要运用科学、规范的方法，包括专家评价法、数理统计法、模糊综合评价法、层次分析法等。选择合适的评价方法将对智慧城市建设绩效评价指标体系提供有力的帮助。而从评价导向的视角来看，目前国内外对于智慧城市建设进行评价时主要有三类：

（1）以成果为导向的评价方法，这种评价方法重视的是对智慧城市建设的投入、现有建设成果进行的量化评价，如宽带普及率、无线局域网络覆盖率等，可以直观地体现出智慧城市建设中的信息化建设情况。

（2）以效益为导向的评价方法，这种评价方法更加重视智慧城市建设的附加效益，是一种基于过程的评价方法，主要体现的是智慧城市建设所带来的社会各方面的提升，如医疗服务、政务服务、智慧交通服务水平的提升等，能够从多角度来审视智慧城市建设的效果。

（3）混合型评价方法，这种评价方法是前两种的结合，既对智慧城市的现有建设情况作出评价，也对智慧城市建设所带来的其他效益作出评价。

在进行绩效评价时，应根据实际需求来选取合适的评价方法，我国智慧城市评价研究大多采取投入为导向的评价方法，忽略了对智慧城市建设过程和效益的评价，在对智慧城市进行绩效评价时，选取混合型的评价方法较为科学合理。

9.6.3　重视技术研发和创新，完善信息技术基础设施

进一步强化对发展智慧产业重要性和必要性的认识，以传统产业智慧化为切入点，使其成为技术创新的内生动力，拉动内需和促进经济转型升级。推动云计算和大数据的研发与应用，深化大数据在智慧城市建设以及智慧城市评价的核心作用。

智慧城市作为城市信息化建设的新模式和新阶段，将是一个长期而持续的建设过程，信息网络等基础设施是发展的先决条件，将全面支撑智慧城市建设及运行。只有强化信息网络、数据中心等信息基础设施建设，方能使跨部门、跨行业、跨地区的政务信息共享和业务协同成为可能。智慧城市信息技术的完善也为智慧城市的评估提供评价基础。

9.6.4　搭建完备的绩效评价信息系统，保证信息交互畅通

对智慧城市建设进行绩效评价，相关数据信息的获取和沟通是其重要基础，构建一个完备的信息系统对于智慧城市建设绩效评价意义重大。在信息收集过程中，利用现有的基础设施和新兴技术，进行实时数据收集和交换，确保信息的全面性和及时有效性。为方便数据信息的进一步利用，需要对搜集到的信息进行规范化处理，以节省后续绩效评价过程中信息处理的时间，因此要设立专门机构来进行绩效评价信息的收集与处理。同时，为保证信息系统的持久良性运转，应该引入相应的信息沟通机制，保证社会各主体与信息机构之间沟通渠道的畅通，及时发现系统构建过程中可能出现的信息失真、不全等问题。

9.6.5　评价坚持以人为本，关注民生服务

新型智慧城市建设运用信息技术能极大地改善居民的生活环境，改变居民生活方

式。满足群众的生活需求是智慧城市建设的最终目标。新型智慧城市建设应始终坚持"以人为本"的理念，以"人"为关注点持续发展。城市发展应该致力于为居民提供便捷高效的公共服务，让居民真切感受到信息化智慧城市的发展给市民生活带来的便利，提升居民幸福感。智慧城市公共服务应该着力于通过智慧化手段和设施，提高政府管理和服务的信息化水平，使市民生活更加便利。智慧城市信息化的最大实效就在于应用，一方面，应用信息技术进行城市运营管理，通过加快电子政务建设、建设人口基础数据库、公共服务平台等途径，解决居民办事难的问题，逐步实现"零距离"办事和"零跑路"服务的目标。同时，利用智慧城市信息化建设的成果，通过网络平台为公民提供更多更加便捷的途径来获取开放政府信息资源，相关政府机构也应该为居民开放网上反馈意见通道，针对反馈的问题进行改进，从而提升办公效率。另一方面，利用物联网等先进信息技术，提高城市医疗、教育、出行、卫生、社会保障、商业等服务水平，满足不同人群的应用需求，提高市民生活便利程度。因此，构建新型智慧城市评价指标应该更加注重民生服务，体现新型智慧城市建设以人为本的宗旨，可以看到提升城市服务水平对于提高智慧城市建设绩效的重要意义。

9.6.6　鼓励多元主体参与，充分发挥各自优势

智慧城市建设是为了构建一个更加美好的社会环境，智慧城市建设涉及的利益主体包括政府、企业和民众等，相关主体不应该只是受益者，也应该是建设和评价的重要参与者。在对智慧城市建设进行绩效评价时，要提倡多元主体参与。从指标体系构建来看，多元主体参与能够反映不同主体的需求，促进指标体系趋于完善；从绩效评价过程来看，多元主体参与能够保证绩效评价的公平性；同时，多元主体的参与，也能够提高各主体对智慧城市建设的理解与配合，推进智慧城市建设绩效评价的顺利进行。由于受到个人能力、参与途径、参与方式等各方面的限制和影响，目前企业和居民等主体在智慧城市建设绩效评价当中的参与还有所不足，这会影响智慧城市建设评价工作的顺利展开，使评价效果大打折扣。因此，应鼓励多元主体参与绩效评价，在政府的引导下，一方面加大宣传普及力度，加强公民对于智慧城市的了解，增加公众参与智慧城市建设绩效评价的责任感与积极性；另一方面，完善参与机制，建立公民、社会组织、企业参与

智慧城市建设绩效评价的线上、线下平台，简化绩效评价流程，丰富各绩效评价的参与途径。

9.6.7　完善评价配套制度，保障评价工作顺利开展

1. 建立智慧城市评价的信息公开制度

建立智慧城市建设绩效评价信息公开制度，通过绩效评价信息的公开，让各地方政府了解智慧城市建设的绩效情况，发现自身存在的不足之处，汲取其他城市的优点，因地制宜地运用到自身建设中去。而信息公开制度的重点内容主要有两点：一是及时性。智慧城市建设的绩效评价是智慧城市建设过程中的重要支撑，其通过全面、科学的评价之后得出的评价结果是能给智慧城市的建设带来有效帮助的，并且智慧城市的建设也需要根据其绩效评价的结果进行及时的调整，因此，绩效评价结果的公开必须及时。二是准确性。准确性既要求公布智慧城市建设绩效评价的结果必须准确无误，也要求其公布的结果能准确地送达给特定的人群，如智慧城市建设的管理者、建设者、监督者，或者是提供给其他正在建设智慧城市的政府部门以参考，这样才能更好地发挥智慧城市建设绩效评价的作用。同时，绩效评价信息的公开，能够维护公众的知情权，加强公民、企业、机构参与绩效评价的基础，还能为绩效评价提供多角度、多层次的改进建议。

2. 健全智慧城市建设发展评价的政策法规

智慧城市体系庞大，涉及多个方面，传统城市的管理法规、政策已经无法很好地适应这种新型城市发展模式的需求。智慧城市建设的每一个环节都离不开政策制度的保障，营造良好的政策氛围对于推进智慧城市建设的意义重大，因此，国家应该牵头不断完善智慧城市相关法律法规，出台与建设发展相匹配的政策、制度、规范。目前，我国的智慧城市政策大致可以分为三类：第一类是关于智慧城市建设的具体实施规划与政策，包括政府的长期规划、建设方案、指导意见、项目管理方法等。第二类是在政府的国民经济社会信息化建设总体规划中专门列出的智慧城市政策。第三类是"城市信息化建设"或"数字城市建设"的相关政策，这些项目与智慧城市建设目标类似。国家对于

智慧城市相关政策的制定已经开始重视，但是还有很长一段路要走。绩效评价作为了解智慧城市建设效果的重要方式，如何对评价的过程、步骤、方式、顺序、形式和时限等进行规范，促进绩效评价活动的有效开展，对于推动智慧城市建设来说尤其关键，而目前我国这方面的政策制度还有待完善。在绩效评价流程方面，可以结合智慧城市建设实际情况，通过法规政策将绩效评价的关键步骤纳入到规范化的评价流程当中，明确依据规范流程开展智慧城市相关绩效评价。

3. 构建智慧城市建设发展评价的监督反馈制度

智慧城市建设是一个长期的动态系统工程，建设后产生的效果和影响在短期内无法直接显现出来，针对这种情况，应建立持续、长效的动态绩效监督反馈制度，这样才能及时发现智慧城市建设过程中出现的问题，为形成有效的信息反馈机制奠定基础。①在评价工作开展的过程中，要建立相应的调查、监测制度，对评价过程中出现的变化进行把握，快速发现建设过程中出现的问题并及时解决。②强化智慧城市项目建设完成后的跟踪监测，使得对智慧城市建设效益的绩效评价更具持续性和客观性。可以从国家层面出发设立专门的监测评价机构，形成系统的智慧城市建设评价监测制度。③利用动态监测和评价，将智慧城市建设的成效与各相关单位的奖惩制度挂钩，以此进行激励和督促。

第四篇
实践篇

- BIM与CIM应用案例
- 智慧城市规划设计案例
- 数字孪生城市案例

第10章 BIM与CIM应用案例

10.1 深圳市龙岗区应用案例

深圳市龙岗区地处深圳市东北部,位于珠江口东岸"深—莞—惠"城市圈的几何中心,是深圳"东进战略"部署中辐射粤东和海西经济区的桥头堡。为了在落实"东进战略"中充分争取主动,激活后发优势,实现更为科学、智能和精细化的城市管理,龙岗区选择了具备国际领先的ICT解决方案和业界最完整产品线的华为公司,为智慧龙岗打造开放、融合的基础支撑平台,提供坚实的信息安全基础,并聚合各个领域优秀的合作伙伴资源。从此,一颗"新ICT,让城市更智慧"的种子在龙岗深深扎下了根。

处于特区一体化和经济转型发展关键期的龙岗区,面对社会治理、城市管理、生态优化和产业发展等多方面的压力,果断选择了智慧城市发展战略,与华为开展全面合作,走上了一条"化繁为一"的城市建设道路。借助华为构筑的"云"和大数据平台,让城市管理由"粗放式"向"精细化"转变,由"防范、控制型管理"向"人性化、服务型管理"转变。除了"一窗惠民生"之外,还呈现出多个卓有成效的智慧应用。

作为智慧龙岗的"基础构筑师",华为提供了智慧城市解决方案整体架构,即"一云二网三平台":"一云",即云数据中心;"二网",即城市通信网和城市物联网;"三平台",包括大数据服务支撑平台、ICT业务应用使能平台、城市运营管理平台,以及端到端的信息安全解决方案(图10-1)。

一图合多规,智慧龙岗的"多规合一"规划协同系统已实现发展改革、自然资源和城管等7个部门的规划协同机制,融合了城市规划、土地利用总体规划和生态环境保护

智能运营中心： 实时掌控城市运行态势，大数据支持科学治理

- **更加高效的应急响应：** 统一的应急指挥和调度，提高资源协调效率60%
- **及时预警潜在危险：** 整合来自不同渠道的数据，提前掌握特殊情况
- **科学城市管理：** 通过大数据分析和可视化的现场数据展示，实现更加简易的城市管理

智慧警务： 无处不在的公共安全系统，降低刑事治安警情

刑事治安总警情同比下降29%，居全市第一
主要有以下原因：
- 空中地面无缝监控：提高预防和控制能力
- 可视化融合指挥：提高指挥效率
- 视频云（大数据分析）：提高海量视频搜索效率

多规合一： 形成7部门规划协同机制，提升投资项目审批效率

- **一张图：** 解决了多规空间规划冲突的矛盾
- **一个平台：** 实现信息共享、审批联动
- **一张表：** "一表式"受理，深化审批效率
- **一套机制：** "一张蓝图干到底"
- **全流程审批：** 公众全程参与基

智慧政务： "一窗一号一网"，提升民众办事满意度

- **一窗式服务：** 跨32个部门的600多项服务现已全面上线
- **一网运行：** 区级大厅、8个街道、111个社区
- 窗口数量从92个减少到59个
- 等候时间缩短50%
- 即办率提高29%
- 提前办结率达到22%

图10-1　智慧龙岗：建设融合的智慧城市
图片来源：https://e.huawei.com/cn/case-studies?industry=smart-city

规划等12大规划，推行"一本规划、一张蓝图"的管理策略，保障了空间资源的有效配置和土地的集约利用。

10.2　深圳坝光生物谷应用案例

深圳市大鹏新区肩负着建设深圳国际生物谷坝光核心启动区，打造国际领先的生物科技创新中心、全球知名的生物产业集聚基地的历史重任，力争将坝光核心启动区建成具有国际竞争力的滨海生态科学小城。

按照深圳国际生物谷总体发展规划，坝光核心启动区开发建设总投资估算约670亿元（含政府投资项目和社会投资项目），建设规模总量达到558.26万平方米。面对生物谷建设中各种前所未有的挑战，在深圳建设"智慧城市"的背景下，大鹏新区综合"智慧大鹏"建设和生物谷建设多种因素，决定先行一步，应用先进的城市信息模型（CIM）平台技术，以更高标准的"深圳质量"，率先将坝光核心启动区打造成具有国际竞争力的数据化、信息化管理的滨海生态科学小城，成长为深圳转型发展的"深圳品牌"。

深圳国际生物谷坝光核心启动区占地面积近10平方公里，需要进行鱼塘等原有建筑的拆迁，规划建设未来城市。把一个只有几十户的小渔村变为国际化的现代生物科技

（a）

（b）

图10-2　山地边坡景观方案效果图

园，挑战巨大。结合BIM+GIS+VR等技术展示未来城市的宏伟蓝图，利用CIM技术进行设计和建造，有效推动了深圳国际生物谷的建设工作。

大鹏新区深圳国际生物谷坝光核心启动区指挥部办公室联合深圳市斯维尔科技股份有限公司BIM团队，通过CIM技术实现方案比选，通过BIM模型，结合GIS地理数据，进行多种方案效果的比选，为确定建设方案提供决策依据，如图10-2所示。

实现了规划效果展示功能，如图10-3所示。

（a）

（b）

（c）

图10-3　整体规划方案效果图

10.3   华为智慧城市解决方案

华为公司智慧城市解决方案，又称"智慧城市IOC"。智慧城市IOC是未来城市的核心基础设施，它作为智慧城市的"神经中枢"，高效汇聚海量数据，通过"神经中枢"，整合不同行业割裂的数据和能力，展示出数据汇聚和融合的价值，并展示跨部门协调指挥的作用。

智慧城市IOC是整个智慧城市的中枢，它是信息、技术、业务融合的结果，通过实现"六个中心"，驱动城市智能化管理（图10-4）。

华为智慧城市IOC具备"四个一"：

（1）一图全面感知城市家底：IOC作为城市的"天眼"，感知我们的城市每天在发生什么。

（2）一键全局决策辅助管理：IOC作为城市的"帷幄"，辅助我们的城市如何作科学决策。

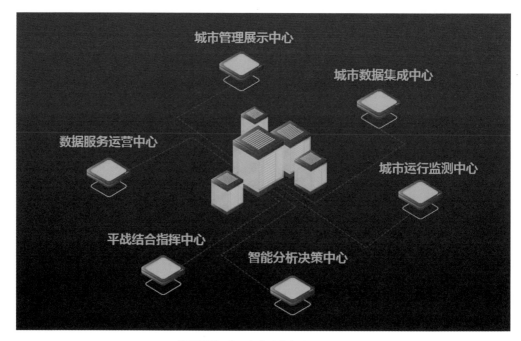

图10-4   "六个中心"智能化管理

图片来源：https://e.huawei.com/cn/solutions/industries/smart-city/ioc

（3）一体城市立体运行联动：IOC作为城市的"中枢"，事件处置和联动指挥实现更高效顺畅。

（4）一方汇聚生态自我演进：IOC作为城市的"沃土"，数据是基础，应用是生命，长期践行"平台+生态"战略。

智慧城市IOC达到"可看，可用，会思考"的目标，帮助城市管理者提高城市运营管理水平，将驱动城市管理走向精细化，建设文明和环境美好城市，提高政府服务水平，进一步提升市民的幸福指数，为城市的可持续发展奠定基础。

10.4　广州市BIM/CIM平台建设试点案例

2019年，广州市被住房城乡建设部列为城市信息模型（CIM）平台建设两个试点城市之一，要求以工程建设项目三维电子报建为切入点，建设具有规划审查、建筑设计方案审查、施工图审查、竣工验收备案等功能的CIM平台，精简和改革工程建设项目审批程序，减少审批时间，探索建设智慧城市基础平台。通过制定"推进BIM应用通知"，进一步加快广州市BIM技术应用推广，积累项目数据信息，辅助支持CIM平台建设。

为了推进CIM平台建设试点工作，广州市计划构建一个CIM基础数据库、构建一个CIM基础平台、建设一个智慧城市一体化运营中心、构建两个基于审批制度改革的辅助系统和开发基于CIM的统一业务办理平台五方面。

1.　构建一个数据库

构建可以融合海量多源异构数据的城市信息模型（CIM）基础数据库，按数据内容可分为基础数据库、城市现状三维数据库、BIM模型库、城市规划专题库、城市建设专题库、城市管理专题库等。

2.　构建一个基础平台

构建城市信息模型（CIM）基础平台，实现多源异构BIM模型格式转换及轻量化入库，海量CIM数据的高效加载浏览及应用，汇聚二维数据、项目报建BIM模型、项目施工图BIM模型、项目竣工BIM模型、倾斜摄影、白模数据以及视频等物联网数据，实现历史现状规划一体、地上地下一体、室内室外一体、二三维一体、三维视频融合的可视化展示，提供疏散模拟、进度模拟、虚拟漫游、模型管理与服务API等基础功能，构建智慧广州应用的基础支撑平台。

3. 建设一个智慧城市一体化运营中心

在广州市住房城乡建设局办公大楼六层建设一个智慧城市一体化运营中心，包括LED室内小间距屏（含中控设备）。

4. 构建两个基于审批制度改革的辅助系统

（1）构建基于BIM施工图三维数字化审查系统。

开展三维技术应用，探索施工图三维数字化审查，建立三维数字化施工图审查系统。

（2）构建基于BIM的施工质量安全管理和竣工图数字化备案系统。

5. 开发基于CIM的统一业务办理平台

同时，在工作机制上，广州市建立联席会议制度，由市领导亲自担任联席会议总召集人。全市各相关部门为联席会议成员，并签发了《广州市城市信息模型（CIM）平台建设试点工作联席会议办公室关于进一步加快推进我市建筑信息模型（BIM）技术应用的通知》（穗建CIM〔2019〕3号），通知要求：

（一）自2020年1月1日起，以下新建工程项目应在规划、设计、施工及竣工验收阶段采用BIM技术，鼓励在运营阶段采用BIM技术，其中经论证不适合应用BIM技术的除外：

1. 政府投资单体建筑面积2万平方米以上的大型房屋建筑工程、大型桥梁（隧道）工程和城市轨道交通工程；

2. 装配式建筑工程；

3. 海珠区琶洲互联网创新集聚区，荔湾区白鹅潭中心商务区，天河区国际金融城、天河智慧城、天河智谷片区，黄埔区中新广州知识城，番禺区汽车城核心区，南沙区明珠湾起步区区块、南沙枢纽、庆盛枢纽区块，花都区中轴线及北站核心区等重点发展区域大型建设项目。

除以上应用范围外，鼓励其他工程项目开展BIM技术应用。

（二）列入BIM应用范围的建设工程，尚未立项的，建设单位按照下列阶段开展BIM技术应用；已立项尚未开工的，建设单位根据所处阶段开展本阶段及后续阶段的BIM技术应用。

1. 在项目立项阶段，建设单位自行或者委托BIM咨询企业编制项目BIM技术应用方案，明确应用阶段、内容、技术方案、目标和成效。

2. 在方案设计和施工图设计阶段，建设单位组织建立BIM设计模型，并按要求提供BIM设计模型进行审查。

3. 在施工阶段，建设单位组织建立BIM施工模型，实现工程项目施工过程可视化模拟、施工方案优化、施工进度和成本的动态管控。

4. 在竣工验收阶段，建设单位组织建立BIM竣工模型进行竣工验收备案。

5. 在运营阶段，鼓励建设单位组织建立基于BIM模型的运营管理平台，实施智慧高效管理，提高运营管理水平。

建设单位应加强能力建设，组织引导设计、施工、监理、咨询等参建各方在同一平台协同BIM应用，实现建设各阶段BIM应用的标准化信息传递和共享。

鼓励行业、企业开展BIM技术的研究和应用，加强BIM产学研用技术交流与协作，总结和分享BIM技术应用成果和成功经验，促进全行业BIM技术应用能力不断提升，促进BIM产业持续健康发展。

为了推动BIM应用，BIM技术应用费用按照《广东省建筑信息模型（BIM）技术应用费用计价参考依据（2019年修正版）》计算确定。工业与民用建筑工程，当建筑面积少于2万平方米时，按2万平方米作为计价基础计算BIM技术应用费用；市政道路工程、轨道交通工程的造价少于1亿元时，按1亿元作为计价基础计算BIM技术应用费用。因工程复杂程度、规模差异和材料设备标准高低造成应用难易程度不同，BIM技术应用费用可上下浮动20%。

建设单位对采用BIM技术的工程项目，在项目立项阶段，应明确BIM技术应用费用，并在工程建设其他费用中单独计列。

对采用BIM技术的建设工程，按照以下要求进行审核和监管：

（一）在项目立项阶段，投资主管部门按照《广东省建筑信息模型（BIM）技术应用费用计价参考依据（2019年修正版）》对BIM应用相关费用进行审核。

（二）在规划审批阶段，规划部门在规划审查和建筑设计方案审查环节运用BIM模型进行三维数字化审批。

（三）在施工图设计、审查阶段，施工图审查机构运用BIM模型进行施工图三维数字化审查。

（四）在施工及竣工验收阶段，建设行政主管部门在项目建设中运用BIM模型进行建设监管及竣工验收备案。

2020年6月，广州市住房城乡建设局组织发布了项目标准《施工图三维数字化设计交付标准》（Standard for 3D digital design delivery of construction drawing）V1.0、《施工图三维数字化交付数据标准》（Standard for data of construction drawing 3D digital delivery）V1.0、《施工图三维数字化审查技术手册》（Technical manual for 3D digital review of construction drawing）V1.0。同时，根据工作计划，组织开发了"广州市房屋建筑工程施工图三维（BIM）电子辅助审查系统"，并于2020年6月28日下发《广州市住房和城乡建设局关于试行开展房屋建筑工程施工图三维（BIM）电子辅助审查工作的通知》，BIM技术审查系统上线测试期为2020年7月1日—9月30日，自2020年10月1日起，BIM审查系统开始试运行，试运行期间按通知要求需进行BIM设计的房屋建筑工程项目，建设单位申报施工图审查时应同步提交BIM模型进行BIM审查。

2020年7月20日，广州市规划和自然资源局发布《关于试行建筑工程三维（BIM）规划电子报批辅助审查工作的通知》。

根据通知要求，下列范围内的项目应进行BIM设计报批：

（一）政府投资单体建筑面积2万平方米以上的大型房屋建筑工程（建设规模标准详见《工程设计资质标准》建市〔2007〕86号）；

（二）装配式建筑工程；

（三）海珠区琶洲互联网创新集聚区，荔湾区白鹅潭中心商务区，天河区国际金融城、天河智慧城、天河智谷片区，黄埔区中新广州知识城，番禺区汽车城核心区，南沙区明珠湾起步区区块、南沙枢纽、庆盛枢纽区块，花都区中轴线及北站核心区等重点发展区域大型建筑工程项目。

除以上应用范围外，鼓励其他建筑工程项目开展BIM设计报批。

通知要求自2020年10月1日起，BIM报批系统开始试运行，试运行期间按通知要求需进行BIM技术设计的建筑工程项目，建设单位申报房屋建筑类项目建设工程规划许可技术审查时应同步提交BIM模型进行BIM报批。

同时，对送审要求、审查要求、数据入库要求作了明确规定：

（一）送审要求。建设单位应委托设计单位按照《广州市建设工程规划报批信息模型交付技术指引》（建筑工程篇）开展BIM设计，在房屋建筑类项目建设工程规划许可技术审查阶段应提交二维报建图和BIM模型，建设单位、设计单位应对提交的BIM模型与二维报建图一致性进行确认。

（二）审查要求。技术审查机构应按照《广州市规划和自然资源局关于进一步优化房屋建筑类项目建设工程规划许可技术审查的通知》的要求，对二维报建图进行审查，审查人员在开展BIM设计报批审查过程中，应根据《广州市建设工程规划报批信息模型应用指南》（建筑工程篇）的要求开展BIM设计报批审查工作。建设单位应组织设计单位根据技术审查意见同步对二维报建图和BIM模型修改完善，审查合格后予以出具建设工程设计方案技术审查报告。

（三）数据入库要求。各区规划管理部门应强化管理，按照《建设工程规划报批二维电子数据成果入库指引》《建筑工程规划报批信息模型电子数据成果入库指引》的流程和要求，开展建筑工程设计方案和建筑工程规划许可报建方案的二维电子数据和BIM设计报批数据进行入库管理工作。

当前，广州市CIM平台试点工作正在进行中，按照住房城乡建设部要求，相关工作正在进一步推进落实。

第11章 智慧城市规划设计案例

11.1 北京市通州区

2016年5月，中央政治局会议决定在通州规划建设北京城市副中心，并将之上升为国家战略，指出"建设北京城市副中心，不仅是调整北京空间格局、治理大城市病、拓展发展新空间的需要，也是推动京津冀协同发展、探索人口经济密集地区优化开发模式的需要"。北京城市副中心建设坚持世界眼光、国际标准、中国特色、高点定位，以创造历史、追求艺术的精神进行规划设计，构建蓝绿交织、清新明亮、水城共融、多组团集约紧凑发展的生态城市布局，着力打造国际一流和谐宜居之都示范区、新型城镇化示范区、京津冀区域协同发展示范区。

本次规划区域分为6平方公里行政办公区、155平方公里高度智慧区、906平方公里产城融合区、2000多平方公里对外辐射区。

1. 总体目标

到2020年，北京城市副中心智慧城市建设达到国际一流水平。基于云服务模式的宽带、泛在、融合、安全的信息基础设施日益完善，城市公共基础设施基本实现智能化管控；建立数据资源开发利用体系，数据资源更加丰富，共享交换和应用服务效果明显提升；智慧政务建设成效显著，政务信息资源实现开放和共享，城市治理的可视化、精细化和智能化水平大幅提升；信息化在医疗、教育、养老等民生领域的应用更加深入，公共服务实现普惠化、便捷化和个性化；智慧城市建设对产业经济的渗透带动作用明显，经济发展质量和产业综合竞争力明显提升。实现北京城市副中心"北京信息服务智慧之'门'""国家智慧产业发展之'柱'"和"世界城市群智慧示范之'窗'"的战略定位。

2. 主要任务

建成国际一流的新一代智能基础设施。全面建成千兆光网，主要区域无线宽带Wi-Fi覆盖率90%，率先实现5G试商用，光纤到户用户渗透率99%，力争实现城区家庭宽带接入能力普遍达到1Gbps，农村地区家庭宽带接入能力普遍达到100Mbps。建成新型物联感知网络，完成对重要基础设施的数据采集和实时监测。新建公共基础设施实现全生命周期建筑信息模型（BIM）管理，行政办公区率先应用城市智能信息模型（CIM），信息基础设施达到国际一流水平。

构建城乡一体的惠民服务体系。大力实施信息惠民工程，推进"一号一窗一网"式城乡一体的惠民服务体系建设。按照"以人为本、服务导向"原则，以贯穿服务人的全生命周期需求为主线，实现政府网上行政审批服务覆盖率95%，北京城市副中心"北京通"覆盖率90%以上，综合交通信息服务App使用率达到50%。加快整合教育、医疗、社区等民生领域服务内容，实现学校多媒体教室普及率85%、学校无线网络覆盖率达到95%，电子健康档案覆盖率98%，三级医疗机构预约诊疗率达到85%，深入推动民生服务下沉，打造15分钟服务圈，实现全程全时全方位服务，提升公众幸福感。

物联感知、数据驱动的城市治理体系基本形成。建成跨部门的信息资源共享政务体系，全面支撑行政管理体制改革，非涉密政务数据开放比例达到90%，政府网上行政审批服务覆盖率达到95%，政务云服务覆盖率达到80%。完善城市综合治理、网格化管理等综合性工程，实现由"管理型政府"向"服务型政府"转变，在交通管理、公共安全等领域开展深入应用，通过精准采集、整合协同各类数据，提升政府决策水平和城市治理有效性。城市生命线（水、电、气）智能化监测系统覆盖率达到90%，"三网融合"网格化管理体系覆盖率100%，社会视频监控资源向公安整合率达到90%。

建成环境优美、产城融合的宜居宜业城市。建成空天地一体化生态环境监测体系，重点污染源在线监测比例100%，企业事业单位环境信息公开率达到90%，绿色建筑覆盖率达到60%，建筑物能耗智能监测覆盖率达到85%，园林、土壤监控体系进一步完善，园林监测系统覆盖率达到20%，生态环境质量显著改善，支撑城市经济社会可持续发展的能力显著增强。

以创新促发展，形成高端产业新格局。建设众创服务平台，实现以北京城市副中心为核心的辐射全国及全世界的高尖端人才及技术的众创服务基地。大力发展大数据产业，借助互联网技术实现创新与创业、线上与线下、孵化与投资相结合，培育一批基于大数据应用的新模式、新业态企业。依托首都丰富旅游资源，系统化整合和深度开发旅游物理资源和信息资源，促进文化旅游高端产业发展。

11.2 南京市南部新城

随着城镇化发展，南京市现有的老城区与河西新城作为城市中心的综合承载能力面临越来越大的压力，迫切需要发展能够分担城市中心"磁力"作用的核心区域。2015年6月，位于秦淮区的大校场机场搬迁，为南京主城腾出了近10平方公里的建设空间，南部新城应运而生，成为承接南京城市重心偏移、产业和人口转移的重要区域。

1. 总体目标

紧密围绕南部新城城市总体发展目标，以"高端、精致、安全"为主线开展南部新城智慧城市建设事业。统筹推进城市信息化建设，建立一个由新技术支持的涵盖生活、生态、生产、文化历史传承的新城市生态系统，以高端为导向，以精致为特色，以安全为原则，探索智慧城市建设、管理、运行模式。

基于智能化基础设施建设，以信息资源共享服务平台为纽带，完善城市公共管理体系，实现城区规划、建设、管理和运行的"便捷、精准"。通过对城区建设发展的环境和资源配置进行预先模拟，实现城区环境和资源的最优化设计和配置，构建和谐的人居环境，建设集人文特质与绿色发展、智慧型内涵与生态型品质于一体的南部新城。运用现代的科技手段提升城区安全运行的精细化程度，动态掌握城区重要部件和社会民情变化，研究建立风险源分级预警处置管理模式，保障城区及民众的安全和舒适。

2. 主要任务

基础设施智能化，夯实智慧南部新城基础。构建普遍覆盖、便捷高效的泛在物联网络基础体系。不断提升和完善南部新城信息基础设施水平，形成以"宽带、无线、泛在、集成、融合"为特征的物联感知网络，满足南部新城智慧城市建设的需要。统一建设大数据云平台，打通数据交换共享，建设公共基础数据库和各种业务数据库，实现跨部门共享。

城区管理精细化，保障城市安全运行。建立从城市最小单元建筑智慧化到社区智慧化直至整个城区智慧化的管理体系，运用网格化、BIM+3D GIS、城市仿真等现代的科技手段提升城区精细化管理水平，动态掌握城区重要部件和社会民情变化以及公共安全稳定指数，研究建立风险源分级预警处置管理模式，保障城区管理有序及创造安全舒适的人居环境。

民生服务便捷化，营造良好人居环境。以智慧楼宇、智能家居、智慧社区、智慧市政为入口，实现南部新城环境宜居、生活便捷、民众幸福指数提升的目标，使老百姓能直接感受到智慧城市建设带来的好处。结合南部新城实际情况，考虑未来服务型产业会带来大量流动人口的特点，从教育、医疗、街区服务等方面实现均等性普惠服务，为来到南部新城的每一个人提供便利。

产业发展现代化，打造特色服务产业。走精细品质化风格提升经济发展和战略特色新兴产业化道路，以总部经济和高端服务型产业为中心开展产业。注重经济发展的质量和效益，强化低碳经济、绿色经济发展理念，同时打造以金融服务业、文化产业和旅游产业等的产业体系，构建长三角北翼的服务枢纽。

11.3　成都空港新城

2017年7月，成都召开国家中心城市产业发展大会，提出城市空间优化布局方针。其中，大会把实施"东进"战略作为重中之重，着眼未来50年乃至100年发展，坚持产业分区、集约开发、集群发展，推动先进制造业和生产性服务业重心东移，规划建设空港新城和现代产业基地，开辟经济社会发展"第二主战场"。2017年11月，成都在全国是第一个系统提出发展新经济、打造最适宜新经济成长的城市，建立新经济发展的政策体系、组织体系与工作体系。

1. 总体目标

作为"东进"的重要阵地，空港新城确立了引领航空枢纽经济的新极核、支撑国家内陆开放的新枢纽、汇聚全球创新人才的新家园三个定位，提出重点发展航空产业、临空现代服务业、临空新经济产业三大产业方向。

运用信息和通信技术手段感测、分析、整合城市运行核心系统的各项关键信息，从而对包括民生、环保、公共安全、城市服务、工商业活动在内的各种需求作出智能响应。利用先进的信息技术，实现城市智慧式管理和运行，进而为城市中的人创造更美好的生活，促进城市的和谐、可持续成长。

2. 主要任务

融入全球产业体系，面向未来布局，以全球新枢纽领航者定位，通过港产城融合、多业融合、跨域融合，打造临空产业体系。按照智慧城市要求，紧抓"智能、互联"趋势，打造现代化基础设施系统，融合水资源、清洁能源、绿色建筑、固废循环利用等诸多系统，构建具有"韧性"的智慧城市基础设施体系。

基础设施：主干网、网络优化提升、智慧路灯、智能垃圾桶、智慧井盖、物联网设施管理平台、大数据共享交换平台、云服务中心、基础数据库、专业数据库、公共基础设施运营管理中心。

精准治理：智慧综治、智慧城市生命线监测、智慧城市地下空间管理、智慧安监、智慧房产、智慧环保、智慧交通。

智慧民生：智慧门户、智慧社区。

标准安全：标准规范、网络安全防范。

第12章　**数字孪生城市案例**

数字孪生一词最早诞生于工业界，但是其在智慧城市方面的应用则来源于2018年通过的《河北雄安新区规划纲要》，纲要提出："坚持数字城市与现实城市同步规划、同步建设，适度超前布局智能基础设施，打造全球领先的数字城市""建立健全大数据资产管理体系，打造具有深度学习能力、全球领先的数字城市"等建设内容。中国信息通信研究院院长刘多在接受采访时说："雄安新区是数字城市与现实城市同步规划、同步建设的城市，两座城市将开展互动，打造数字孪生城市和智能城市。"

数字孪生城市为城市治理带来新变革。由模型叠加数据构建的数字孪生城市，在支撑城市治理方面有几个得天独厚的优势：一是提供全景视角、城市多维度观测和全量数据分析，对城市发展态势提前推演预判，以数据驱动决策，以仿真验证决策，线上线下虚实迭代，促使资源和能力的最优配置，促进科学决策；二是增进精细管理，360度无死角监控检测，陆海空全方位立体感知，城市治理能够运筹帷幄之中而决胜千里之外；三是提供协同手段，突发事件应急反应，全域协调联动，就近调度资源。下面将数字孪生在智慧城市建设中的一些场景做一些构想。

1. 数字孪生优化交通出行

通过将物理世界中复杂的交通系统，使用云计算、物联网、人工智能、大数据、实景三维、语义化等技术进行复制，构建可被机器理解的数字孪生交通环境，融合多源异构的交通实时数据，构建交通信息知识图谱，对交通时空大数据进行挖掘、分析及展示，从而实现对交通的监测预警、应急处理以及拥堵治理等功能。

2. 数字孪生助力智能驾驶发展

通过数字孪生实现对道路、地形、交通流、交通标志、光线、天气等的高精度仿真。利用高度逼真、场景丰富的仿真平台，基于真实道路数据、智能模型数据和案例场景数据对自动驾驶车辆进行测试和训练，能够提升智能驾驶的决策执行力和安全稳定性，加速无人驾驶更加安全地落地推广和普及。

3. 数字孪生让应急演练更仿真

利用数字孪生技术以及虚拟现实技术，可以给用户模拟一个真实发生的突发灾难场景，并能快速还原事故现场，例如火灾、暴雪、地震、泥石流等事件，让用户犹如身临其境，更加生动地体验在紧急事件发生时每个行动所带来的后果。

通过数字孪生城市的技术，在虚拟空间再造城市的一个拷贝，作为现实城市的镜像、映射、仿真与辅助，为智慧城市规划、建设、运行管理提供统一基础支撑。

以下是几个数字孪生案例。

12.1 雄安新区

2018年4月20日雄安新区规划纲要获批复，其中写道"坚持数字城市与现实城市同步规划、同步建设，适度超前布局智能基础设施，推动全域智能化应用服务实时可控，建立健全大数据资产管理体系，打造具有深度学习能力、全球领先的数字城市"，并在随后的官方解读中，提出了"数字孪生城市"的表述。

雄安新区作为千年大计，国家大事，几乎是"从零到一"建设一座新城，具有起点优势，有必要也有条件以"探路者"的姿态先试先行，将数字技术与城市建设发展紧密结合，以此吸纳和集聚创新要素资源，转变社会经济发展模式，创新城市治理方式，为数字时代的城市发展作出有益探索，提供宝贵经验。

目前，新区正推进BIM管理平台（一期）建设，这是一个具有国家自主产权的数字城市"规、建、管"智能审批平台，通过创新城市"规、建、管"的新型标准体系、政策体系和流程体系，探索以数字城市的预建、预判、预防来支撑现实城市高质量发展的模式，打造展现多维城市空间的数字平台。平台将建立不同阶段的城市空间信息模型和循环迭代规则，采取GIS和BIM融合的数字技术记录新区成长的每一个瞬间，结合5G、物联网、人工智能等新型基础设施的建设，逐步建成一个与实体城市完全镜像的虚拟世界。

12.2　青岛中央商务区

为响应建设数字中国、智慧社会战略号召，贯彻落实数字山东、数字青岛建设要求，青岛中央商务区充分利用BIM、3D GIS、物联网等数字化技术，整合各种信息资源，打造青岛中央商务区综合信息管理平台，实现商务区开发、建设、治理与服务全方位的数字化升级和智慧化探索。

该平台涵盖了智慧党建、规划蓝图、城市建设、智能管控、产业招商、三维交互六大功能板块，以CIM三维城市信息模型为基础，在数字空间再造了一个与实体城市相匹配对应的数字虚体，实现中央商务区规划、建设、管理全过程数字化升级、数字资源集中管理与应用、信息互通与共享。

12.3　佛山西站枢纽新城

智慧微城市发展平台是佛山西站枢纽新城智慧微城市的数字孪生城市平台，以虚拟服务显示，以数据驱动治理，它将信息通信技术与3D建模、高精度地图、全球导航卫星系统、模拟仿真、虚拟现实、智能控制等技术有机耦合，使得智慧城市面临的技术瓶颈很大程度上得以破解，推动城市信息化从量变迎来质变。

通过建设智慧微城市三维地理信息模型（CIM）和建筑信息模型BIM，叠加智能感知数据，将静态的微城市升级为可感知的、动态在线的数字孪生城市，为枢纽新城规划、建设、运行管理全过程的"智慧"进行赋能，包括：时空大数据汇聚、三维导览和虚拟漫游、空间规划推演、方案对比分析、方案模拟验证、三维可视化管理、空间量测和分析、空间3D导航、应急预案模拟验证等。

另外，该平台还包括数据可视化系统，借助数据调度、压缩、图形加速、渲染等手段，将CIM高精度3D模型数据、智能感知数据、公共资源数据、行业活动数据等在Web端和移动端完美地呈现三维数字城市。CIM数据发布服务可以根据智慧管理应用的不同领域的业务需求，将城市信息模型数据按照不同精度、业务场景组织、数据访问管理权限发布成不同类型的模型数据。数据发布可以采用多种渠道，例如SaaS/PaaS的数据服务，满足微城市多方位的业务需求。

12.4　合肥骆岗生态公园

合肥骆岗生态公园，是充分体现安徽生态优先、绿色发展理念的代表之作，依托园区大脑建设数字孪生的智慧园区，实现园区整体态势的动态监控和公园的数字漫游。

面向管理者，园区大脑基于CIM信息模型，将视频监控系统、智慧路灯系统、环境监测系统、AGV智慧停车系统、游客服务管理相关等系统进行系统集成，在智慧园区运营中心大屏上立体呈现公园的整体情况，包括人员态势、公园安防态势、经营态势、游客分布态势、指挥调度等，并通过联动CIM信息模型、视频监控系统、物联网系统实现场景远程查看和设备远程控制。在园区大脑IOC管理调度端可实现相关指标体系和目标完成情况的配置，包含布局和编辑要展示的内容、展示指标设置、CIM展示、视频接入、多区域内容联动、大屏输出等内容。

面向游客，园区大脑基于公园CIM信息模型和AI导游搭建数字虚拟公园，即运用三维全景实景混杂现实技术、三维建模仿真技术、360度实景照片、视频等技术建成数字虚拟景区，实现基于互联网的虚拟旅游和线上导览，增强景区的公共属性。游客可以通过游客门户网站、公园官方App，以及公园智慧导览机、智慧运营中心的接待中心大屏等终端设备进行数字漫游和导览体验。

参考文献

[1] 彭雷. BIM与GIS集成的城市建筑规划审批系统设计与实现[D]. 成都：西南交通大学, 2016.

[2] 申景君. BIM技术在公路客运站规划建筑设计中的应用研究[D]. 西安：长安大学, 2018.

[3] 何田丰. 基于BIM的产业化住宅规划设计关键技术研究[D]. 北京：清华大学, 2017.

[4] 施雨君. 基于BIM技术的城乡规划微环境管理平台研究和实践[J]. 智能城市, 2019, 5（10）：122-123.

[5] 万超. BIM技术在绿色建筑环境性能评价中的应用研究[D]. 合肥：安徽建筑大学, 2018.

[6] 张翔. 结合BIM技术的绿色建筑评价研究[D]. 合肥：安徽建筑大学, 2018.

[7] 陈永高, 单豪良. 基于BIM与物联网的地下工程施工安全风险预警与实时控制研究[J]. 科技通报, 2016, 32（07）：94-98.

[8] 廖思博. 基于BIM的地下工程穿越既有结构安全风险预警研究[D]. 西安：西安建筑科技大学, 2016.

[9] 陈奕宇. 基于BIM的室内应急逃生导航技术的研究[D]. 成都：西南石油大学, 2017.

[10] 郭思怡. 基于轻量化BIM的城市综合体应急疏散系统研究[D]. 西安：西安建筑科技大学, 2018.

[11] 陈瑶. 基于BIM的地铁车站应急管理研究[D]. 石家庄：石家庄铁道大学, 2018.

[12] 孙友, 袁占全. 基于BIM+GIS技术的应急管理系统建设[J]. 安徽建筑, 2020, 27（02）：181-183.

[13] 向卫国, 黄焕民, 张娴. 城市新城区规划信息模型创建及应用研究[J/OL]. 工程管理学报：1-5 [2020-04-23].

[14] 周莹, 杨彬. BIM技术解决海绵城市建设中存在问题的可行性初探[J]. 粉煤灰综合利用, 2017（03）：61-63.

[15] 徐海洋, 曾靖. BIM技术解决海绵城市建设中存在问题的可行性探讨[J]. 工程技术研究, 32（16）：237-238.

[16] 高学珑, 陈奕, 许乃星, 王航瑶, 蔡辉艺, 许林. 基于BIM的海绵城市规划建设运维管控关键技术研究[J]. 给水排水, 2019, 55（10）：51-56.

[17] 邓绍伦. 基于BIM-GIS技术的建设方案与区域规划协调性评价研究[J]. 建筑经济, 2016, 37（06）：41-44.

[18] 常莹, 瞿文婷. 隧道工程全生命周期BIM云平台建设方案[J]. 铁路技术创新, 2015（06）：65-69.

[19] 庄宇. 新形势下城市规划设计存在问题及对策[J]. 城市建设理论研究（电子版）, 2018（26）：12.

[20] 黄滢冰, 陈明辉, 杨喆颖, 黎海波. 新时期城市规划信息化的机遇、挑战与提升[J]. 地理信息世界, 2015, 22（05）：82-87.

[21] 周骥. 智慧城市评价体系研究[D]. 武汉：华中科技大学, 2013.

[22] Giffinger R., Fertner C., Kramar H. and Meijers E. (2009) Smart Cities—Ranking of European Medium-Sized Cities[M]. Vienna: Vienna University of Technology, 11-12.

[23] Lombardi P, Giordano S, Farouh H, et al. Modeling the smart city performance[J]. Innovation-The European Journal of Social Science Research, vol. 25, 2012.

[24] Zuccardi Merli M., Bonollo E. (2014) Performance Measurement in the Smart Cities. In: Dameri R., Rosenthal-Sabroux C. (eds) Smart City. Progress in IS. Springer, Cham.

[25] Monzon A. (2015) Smart Cities Concept and Challenges: Bases for the Assessment of Smart City Projects.

[26] Portmann E., Finger M. & Engessser H. Informatik Spektrum (2017) 40: 1.

[27] 邓贤锋. "智慧城市"评价指标体系研究 [J]. 发展研究, 2010（12）：111-116.

[28] 顾德道, 乔雯. 我国智慧城市评价指标体系的构建研究 [J]. 未来与发展, 2012（10）：79-83.

[29] 程志锋, 李梓豪, 徐洪峰. 智慧城市评价指标体系构建研究 [J]. 现代管理, 2018, 8（02）：114-119.

[30] 孙亭, 李梦月. 新型智慧城市分级分类方法及体系架构 [J]. 指挥信息系统与技术, 2016, 7（06）：66-71.

[31] 刘棠丽. 标准支撑新型智慧城市评价与提升 [J]. 智能建筑与智慧城市, 2018（07）：18.

[32] 赵福臣, 周墨, 古一鸣, 王康健. 时空信息云平台与智慧城市评价指标相关性浅析——以智慧伊春时空信息云平台为例 [J]. 测绘与空间地理信息, 2017, 40（12）：101-104.

[33] 王朝南. 智慧城市建设绩效评价指标体系构建及实证研究 [D]. 湘潭：湘潭大学, 2019.

[34] 新型智慧城市惠民服务评价指数报告2017 [R]. 2017.

[35] 张梓妍, 徐晓林, 明承瀚. 智慧城市建设准备度评估指标体系研究 [J]. 电子政务, 2019（02）：82-95.

[36] 刘棠丽, 张红卫, 张大鹏, 方可, 臧磊, 荣文戈, 王树东, 刘晓勇, 万军. 新型智慧城市评价指标体系研究 [J]. 大众标准化, 2018（09）：12-15.

[37] 马红丽. 单志广：新版新型智慧城市评价指标加码市民体验 [J]. 中国信息界, 2019（01）：16-19.

[38] 龚恺. 智慧城市评价指标体系研究 [D]. 杭州：杭州电子科技大学, 2015.

[39] 臧维明, 李月芳, 魏光明. 新型智慧城市标准体系框架及评估指标初探 [J]. 中国电子科学研究院学报, 2018, 13（01）：1-7.

[40] 中国信息通信研究院. 新型智慧城市发展研究报告（2019年）, [EB/OL]. http://www.caict.ac.cn/kxyj/qwfb/bps/201911/t20191101_268661.htm.

[41] Eastman, Charles. An Outline of the Building Description System [J]. Institute of Physical Planning, 1974, 9.

[42] Luciani S C, Garagnani S, Mingucci R. BIM TOOLS AND DESIGN INTENT: Limitations and Opportunities [C] // Practical BIM 2012 - The USC BIM Symposium. 2012.

[43] 中华人民共和国国家标准. 建筑信息模型应用统一标准GB/T 51212-2016 [S]. 北京：中国建筑工业出版社, 2017.

[44] National BIM Standard - United States [S]. https://www.nationalbimstandard.org/files/NBIMS-US_FactSheet_2015.pdf.

[45] 王少星. 基于BIM技术的工程项目信息管理研究 [D]. 北京：北方工业大学, 2016.

[46] 张洋. 基于BIM的建筑工程信息集成与管理研究 [D]. 北京：清华大学, 2009.

[47] Belsky M, Sacks R, Brilakis I. Semantic Enrichment for Building Information Modeling[J]. Computer-Aided Civil and Infrastructure Engineering, 2016, 31: 261-274.

[48] 张建平, 何田丰, 林佳瑞, 陈星雨, 张永利. 基于BIM的建筑空间与设备拓扑信息提取及应用 [J]. 清华大学学报（自然科学版）, 2018, 58（06）：587-592.

[49] 罗丰, 王丽园, 李霖, 杨晶. 基于拓扑关系的BIM室内封闭空间边界建筑要素搜索方法研究 [J]. 地理信息世界, 2019, 26（02）：104-109.

[50] 张颉. 基于BIM的建筑空间拓扑关系提取及检索方法研究 [D]. 西安：西安建筑科技大学, 2015.

[51] Daum S, Borrmann A. Processing of Topological BIM Queries using Boundary Representation Based Methods[J]. Advanced Engineering Informatics, 2014, 28(4): 272-286.

[52] Kim K, Yong K C. Construction-Specific

Spatial Information Reasoning in Building Information Models[J]. Advanced Engineering Informatics, 2015, 29(4): 1013-1027.

[53] 耿丹. 基于城市信息模型（CIM）的智慧园区综合管理平台研究与设计［D］. 北京：北京建筑大学，2017.

[54] 朱庆. 三维GIS及其在智慧城市中的应用［J］. 地球信息科学学报，2014，16（02）：151-157.

[55] 李佩瑶，汤圣君，刘铭崴等. 面向导航的IFC建筑模型室内空间信息提取方法［J］. 地理信息世界，2015，22（06）：78-84.

[56] 吴颖. 数码城市GIS中的日照分析研究［J］. 测绘通报，2007（12）：62-65.

[57] 郝婧，周海兵. 基于遗传算法的Skyline最佳路径分析研究［J］. 科技传播，2010（06）：78，80.

[58] Xu X, Ding L, Luo H, et al. From building information modeling to city information modeling[J]. Electronic Journal of Information Technology in Construction, 2014, 19(17): 292-307.

[59] 郭飞，李沛雨，杜亚雄. 复杂地形下城市信息模型快速建立方法［J］. 低温建筑技术，2015，37（11）：23-24，37.

[60] 柳思光，么传杰，农小毅等. 由BIM转向CIM与区块链技术方法分析［J］. 建筑技术开发，2019，46（09）：101-102.

[61] 许斌. CIM管理平台在智慧园区的应用探索［C］. 中国图学学会建筑信息模型（BIM）专业委员会. 第五届全国BIM学术会议论文集. 中国图学学会建筑信息模型（BIM）专业委员会：中国建筑工业出版社数字出版中心，2019：273-277.

[62] 李扬，刘平，王丹丹. 基于5G网络和CIM的智慧城市系统构建探索［J］. 智能建筑与智慧城市，2020（03）：27-29.

[63] Zhang X, Arayici Y, Wu S, et al. Integrating BIM and GIS for large scale (building) asset management: a critical review[J]. 4203/ccp, 2009.

[64] Umit Isikdag, Jason Underwood, Ghassan Aouad, et al. Investigating the Role of Building Information Models as a Part of an Integrated Data Layer：A Fire Response Management Case[J]. Architectural Engineering & Design Management, 2007, 3(3): 124-142.

[65] Irizarry J, Karan E P, Jalaei F. Integrating BIM and GIS to improve the visual monitoring of construction supply chain management[J]. Automation in Construction, 2013, 31(5): 241-254.

[66] Dantas H S, Sousa J M M S, Melo H C . The Importance of City Information Modeling（CIM）for Cities' Sustainability[J]. Iop Conference, 2019, 225.

[67] 关于促进智慧城市健康发展的指导意见［EB/OL］. http://www.cac.gov.cn/files/pdf//SmartCity0829.pdf.

[68] 宋雪纯. 南昌市智慧城市建设发展水平及其发展模式研究［D］. 赣州：江西理工大学，2015.

[69] 王璐，吴宇迪，李云波. 智慧城市建设路径对比分析［J］. 工程管理学报，2012，26（05）：34-37.

[70] 杨艳鹏. 我国特大型智慧城市建设路径比较研究［D］. 长春：吉林财经大学，2018.

[71] 彭雪芬. 追求卓越的智慧城市建设目标与路径研究［D］. 上海：上海社会科学院，2018.

[72] 孙园园. 从BIM到CIM——探索智慧城市建设新模式［J］. 价值工程，2019，38（35）：30-31.

[73] 数字孪生城市研究报告（2019年）［EB/OL］. http://www.caict.ac.cn/kxyj/qwfb/bps/201910/t20191011_219155.htm.

[74] 包胜，杨淏钦，欧阳笛帆. 基于城市信息模型的新型智慧城市管理平台［J］. 城市发展研究，2018，25（11）：50-57，72.

[75] 刘保陆. 智慧城市建设对经济增长的影响分析［D］. 天津：河北工业大学，2015.

[76] 陈桂龙，曹余，陈思宇. 城市仿真：规划未来城市发展［J］. 中国建设信息化，2018（21）：6-7.

[77] 范秦寅. 深入展开城市仿真的现实意义［J］. 中国建设信息化，2018（21）：16-17.

[78] 李佳. 天津市气象灾害应急响应对策研究［D］. 天津：天津师范大学，2014.

[79] 赵保锋，邹晓磊，屈晓宜. 基于仿真的城市轨道交通站台客流滞留分级预警方法［J］. 城市轨道交通研究，2017，20（09）：107-110，115.

[80] 陈露. 地铁调度指挥应急演练仿真系统的研究与设计［D］. 成都：西南交通大学，2014.

［81］ 张婧. 城市道路交通拥堵判别、疏导与仿真［D］. 南京：东南大学，2016.

［82］ 陈思宇. 城市仿真为何成为大势所趋［J］. 中国建设信息化，2019（19）：62-64.

［83］ 吴江明，傅冬华. 三维数字城市技术在城市规划中的应用［J］. 工程建设与设计，2020（05）：105-106，109.

［84］ 高艳丽，陈才，张育雄. 城市规划仿真：形成全局最优决策［J］. 中国建设信息化，2019（21）：22-23.

［85］ 上海临港构建"虚拟城市"：可以无限次复盘的仿真系统［EB/OL］. http://www.sh-italent.cn/Article/201803/201803060006.shtml.

［86］ 高艳丽，陈才，张育雄. 数字孪生城市：智慧城市建设主流模式［J］. 中国建设信息化，2019（21）：8-12.

［87］ 陶飞，刘蔚然，张萌等. 数字孪生五维模型及十大领域应用［J］. 计算机集成制造系统，2019，25（01）：1-18.

［88］ 高艳丽，陈才，张育雄. 数字孪生城市：智慧城市新变革［J］. 中国建设信息化，2019（21）：6-7.

［89］ 高艳丽，陈才，张育雄. 城市建设管理：项目进度可视化管控［J］. 中国建设信息化，2019（21）：24-25.

［90］ 刘刚，谭啸，王勇. 基于"数字孪生"的城市建设与管理新范式［J］. 人工智能，2019（06）：58-67.

［91］ 周瑜，刘春成. 雄安新区建设数字孪生城市的逻辑与创新［J］. 城市发展研究，2018，25（10）：60-67.

［92］ 贾益刚. 物联网技术在环境监测和预警中的应用研究［J］. 上海建设科技2010（6）：65-67.

［93］ 白鸿隽. 物联网技术在智慧城市建设中的应用［J］. 经营者，2020，34（8）：271-272.

［94］ 程冬平. 基于物联网的海绵城市水雨情智慧监管系统的设计与实现［D］. 镇江：江苏大学，2019.

［95］ 方璐. 智慧城市中云计算及物联网技术的运用［J］. 通讯世界，2020，27（01）：23-24.

［96］ 黄飞，吴波，徐春蕾. 基于工业物联网的智慧能源管理系统研究与开发［J］. 仪器仪表标准化与计量，2019（06）：24-28.

［97］ 侯岩. 基于物联网的智慧医疗信息化的关键技术研究［J］. 科技风，2020（03）：92.

［98］ 文华炯. 物联网通信技术在智慧城市中的应用［J］. 现代信息科技，2020，4（04）：174-175，179.

［99］ 崔雪娇. 云计算及其在智慧城市中的应用研究［D］. 天津：河北工业大学，2016.

［100］ 苗延旭. 探究智慧城市中物联网及云计算技术的应用［J］. 科技创新与应用，2020（18）：165-166.

［101］ 汤双泽. 云计算及物联网技术在智慧城市中的运用［J］. 中国新通信，2019，21（20）：90.

［102］ 侯彦军. 云计算及物联网技术在智慧城市中的应用探讨［J］. 中国新通信，2019，21（24）：90.

［103］ 陈洪生. 云计算及物联网技术在智慧城市中的应用［J］. 中国新通信，2020，22（01）：109.

［104］ 刘江海. BIM在城市规划建设中的应用［J］. 四川建材，2019，45（10）：28-29.

［105］ 万碧玉. 城市仿真助力新型智慧城市建设［J］. 中国建设信息化，2018（21）：14-15.

［106］ 张国华. 城市如何以人为中心：公共服务资源配置与现代城市规划［EB/OL］. https://mp.weixin.qq.com/s?src=11&timestamp=1606115933&ver=2723&signature=7Fi*xGk0-IgjxTehsvb4oRmhYy3di7s2pnFdr657AysdpQda7diZ4IkOzdL8LdoMET-9eVMuPQdNR3d*En2mdOxp7kaasjeHojyJot8kalpRokx5X6dG2BTQr72EwH42&new=1.

［107］ 吴志强，仇勇懿等. 中国城镇化的科学理性支撑关键——科技部"十一五"科技支撑项目《城镇化与村镇建设动态监测关键技术》综述［EB/OL］. https://max.book118.com/html/2017/0910/133087916.shtm.

［108］ 李成名，刘晓丽，印洁等. 数字城市到智慧城市的思考与探索［J］. 中国工程科学，2013（05）：4-7.

［109］ 上海日研中心. "社会5.0"：日本超智能社会规划及对中国的启示［EB/OL］. https://mp.weixin.qq.com/s?src=11&timestamp=1606205135&ver=2725&signature=Oe7IYHPX5RVrkIa2svSO9IdhvUvzcPrjxhO0PXssijL-ZHXquwncNkLsIdhf0QygFHotkVPJINQuEiW1BsXeYIyxnfkbbTXmVY1Du2caS-PQx7V30CgDBf7hW5PdR5QN&new=1.

［110］王岫晨. 实现超智能社会形态社会5.0概念方兴未艾［EB/OL］. https://www.sogou.com/link?url=hedJjaC291O8e0pkTYPxA1VPtAORLQEwTLI1V016W1xY3jwdqwxyt7KnzecHqzYzl5wpORFtWfoh5nxpDb3WRg.

［111］文捷. 新时代新发展，新型智慧城市建设持续深化［EB/OL］. http://www.chinajsb.cn/html/201911/25/6291.html.

［112］陶希东. 增强城市精细化管理水平 让人民群众生活更美好［EB/OL］. http://news.eastday.com/c/20180107/u1a13566420.html.

［113］白玲. 人工智能助力智慧城市高质量发展［EB/OL］. https://mp.weixin.qq.com/s?src=11&timestamp=1606463866&ver=2731&signat-ure=HAdxEpSJCPD-Cv5**I57paaoEfgCpZ0PjY7eFCJqpe4OT7oK55awmYRKVUtoL8ERTYc1Ta2h3GbECriWJJCRxYgXgvAs5oOdkXkdpNOc6696fF6GdkQeoJKE3WKif1FJ&new=1.

［114］白告天. 关于智慧城市和边缘计算，你不懂的都在这了［EB/OL］. https://mp.weixin.qq.com/s?src=11&timestamp=1606464501&ver=2731&signature=AjBFbVOR6*DQ8I6whEQ2TcQYGBSTqr2GGRvLG28UIv6OIAd5UbxzqNLxpJrHzaEdeICYeXCP951ca4U9sbQtfyZJkZbYievuVax3KhZuEYPbZwXbkr00kXYlot9mr0Lw&new=1.

［115］光明网. 智慧城市建设应从三个维度出［EB/OL］. https://www.sohu.com/a/425643725_162758.

［116］王坚. 城市大脑：以数据资源驱动社会可持续发展［EB/OL］. http://stdaily.com/qykj/qianyan/2019-06/20/content_773206.shtml.

［117］DIST上海数慧. 智慧国土空间规划——国土空间规划基础分析评价［EB/OL］. https://www.sohu.com/a/326098161_120179158.

［118］DIST上海数慧. 智慧国土空间规划——国土空间规划数据标准与质检规则［EB/OL］. https://www.sohu.com/a/325946677_120179158.

［119］DIST上海数慧. 智慧国土空间规划——国土空间规划数据资源目录［EB/OL］. https://www.sohu.com/a/325940111_120179158.

［120］中研智业集团. 空间规划（多规合一）综合解决方案［EB/OL］. https://www.sogou.com/link?url=hedJjaC291PI05MTIF1Zk2XH0kc1pIdiEAmASRdUnw8mEWf2WoR04HNDx2Xv40p10dnaGwShbcM1EEtckr33b6Budg

pU_V0AleZ8aQ291kY.

［121］前瞻产业研究院. 2020年中国智慧城市发展研究报告［EB/OL］. https://bg.qianzhan.com/report/detail/2004281427056927.html# read.

［122］"未来城市"是什么样的?［EB/OL］. http://snapshot.sogoucdn.com/websnapshot?ie=utf8&url=http%3A%2F%2Fwww.elecfans.com%2Fd%2F1390972.html&did=c8be757d12884aaa-65ef8b8ee9a30a65-88dd4a47d811eac4d251f7799692e755&k=90682697b6319c9ebdde9db6bbc0c03a&encodedQuery=%E6%9C%AA%E6%9D%A5%E5%9F%8E%E5%B8%82%E7%9A%84%E7%94%9F%E6%B4%BB%E5%9C%BA%E6%99%AF&quer-y=%E6%9C%AA%E6%9D%A5%E5%9F%8E%E5%B8%82%E7%9A%84%E7%94%9F%E6%B4%BB%E5%9C%BA%E6%99%AF&&w=01020400&m=0&st=1.

［123］智慧生活下的五大系统［EB/OL］. https://zhuanlan.zhihu.com/p/44999544.

［124］世界城市日. 智慧街道空间导引及创新平台［EB/OL］. https://mp.weixin.qq.com/s?src=3&timestamp=1607680722&ver=1&signatu-re=JChro8xkYmFlqXq9yt076ywbFtSCoQfSYbQabFTZ3KuVTLM0WeE7vaqMWl4YMIHyIvOQNI9XVwpbYfai8KGA9YQW29RpqOwEN5ZmtdsEaNt0GefthOUZZ13qfDbNQFgaInYBNwo8k*8QnI62Ro7CB8M9dHclNx6S*IpVZ0b66eU=.

［125］OMAHA联盟. 5G智慧医疗10大应用场景，你知道多少?［EB/OL］. https://mp.weixin.qq.com/s?src=11&timestamp=1607683406&ver=2760&signature=zVQx5rpZrc46Uj3jAbUnGspUN3RtRHrNA47m82kT7EdqNUrepWwAhNtgk2jg6e7d6InpqoRfZrvfOVDuzjPE5p68DG3BjK9CYRIOPKzZTixNMHdZ*iMqYJJFAiBq8NI0&new=1.

［126］郭理桥. 智慧城市导论［M］. 北京：中信出版社，2015.

［127］传感器对于智慧城市的建设具体作用[EB/OL]. https://www.xianjichina.com/news/details_67963.html.

［128］王志锋.区块链与区块链媒体应用探析[J]. 中国报业，2020(05)：26-28.

［129］潘安敏.城市公共资源[J]. 生态经济，2012(07)：86-90.

感谢下列单位在本书完成过程中提供的指导与帮助

（排序不分先后）：

自然资源部信息中心	住房和城乡建设部信息中心
中国城市科学研究会	南京市规划和自然资源局
北京市规划和自然资源委员会	中国城市科学研究会智慧城市联合实验室
智慧城市（合肥）标准化研究院有限公司	佛山市南海区中城数字城市促进中心
深圳市斯维尔科技股份有限公司	上海数慧系统技术有限公司
清华海峡研究院	香港中文大学
首都师范大学	北京交通大学
武汉大学	同济大学
合肥滨湖科学城管理委员会	佛山市南海区佛山西站建设管理局
中交集团南方总部基地建设管理处	合肥市数据资源局
成都市政务服务管理和网络理政办公室	佛山市南海区政务服务数据管理局
中国联合网络通信有限公司智能城市研究院	深圳平安信息技术有限公司
威胜信息技术股份有限公司	海尔云城数字科技（青岛）有限公司